FENGLI FADIAN SHENGCHAN RENYUAN
GANGWEI JINENG TISHENG PEIXUN JIAOCAI
ZHIQUSHI FENGLI FADIAN JIZU DIANXING GUZHANG CHULI

风力发电生产人员
岗位技能提升培训教材
直驱式风力发电机组
典型故障处理

于景龙　王兆勤　主编

中国电力出版社
CHINA ELECTRIC POWER PRESS

内 容 提 要

本书是面向风力发电行业教材，经过多年自主维护检修工作经验基础上编写而成。全书较好地讲述了风力发电机组的基本元器件工作原理、图形符号、检测方法；系统概述了风力发电机组的主控系统常用元器件、过速模块元器件、机组安全系统、机组变流系统、机组变桨系统、通信系统的原理、组成及作用；深度剖析了风力发电机组的塔架、偏航和变桨、机舱罩、叶片、润滑系统、液压系统等组成和作用；列举了风力发电机组的主控系统常见故障、变流系统常见故障，方便读者用来处理故障时作为参照，同时也能够使读者了解处理故障时的思路及技巧。

本书不仅编写了风电机组电气、通信专业的知识内容，也拓展了风电机组的机械知识内容，突出了风电机组电气、通信、机械专业知识在风力发电生产人员岗位技能提升的应用。

图书在版编目（CIP）数据

风力发电生产人员岗位技能提升培训教材 . 直驱式风力发电机组典型故障处理 / 于景龙，王兆勤主编 . -- 北京：中国电力出版社，2024.10. -- ISBN 978-7-5198-9292-0

Ⅰ . TM614

中国国家版本馆 CIP 数据核字第 2024HN8476 号

出版发行：中国电力出版社
地　　址：北京市东城区北京站西街 19 号（邮政编码 100005）
网　　址：http://www.cepp.sgcc.com.cn
责任编辑：谭学奇（010-63412218）
责任校对：黄　蓓　马　宁
装帧设计：王红柳
责任印制：吴　迪

印　　刷：三河市万龙印装有限公司
版　　次：2024 年 10 月第一版
印　　次：2024 年 10 月北京第一次印刷
开　　本：787 毫米 ×1092 毫米　16 开本
印　　张：6.25
字　　数：139 千字
印　　数：0001—1500 册
定　　价：60.00 元

本书编委会

主　　编　于景龙　王兆勤

副 主 编　王介昌　于　波　岳晨曦

编写人员　于　齐　张秉龙　闻增鑫　刘志军

前　　言

　　"碳达峰、碳中和"作为我国的重大战略目标，风力发电作为战略目标的主力军，装机规模目前呈快速增长态势。目前关于风力发电机组的教材以双馈机组居多，对直驱风力发电机组详细介绍的教材比较稀缺，尤其是风力发电是将来发电类别里的主力军，随之的风机运检工作也会不断增加。为规范化、高效率提升风电企业生产岗位员工的实战消缺水平，华能吉林发电有限公司新能源分公司组织专业技术人员和专家学者编著了《风力发电生产人员岗位技能提升培训教材　直驱式风力发电机组典型故障处理》。

　　本书以直驱风电机组为例，系统地介绍了机组核心元器件的电气和机械特性以及各个控制系统的工作原理，各个控制系统如何实现功能，各个控制系统在风机整体当中起到的作用。详细介绍机械系统中如偏航轴承、变桨轴承等重要设备的结构，又是如何进行工作的，这些重要设备在风机整体中起到什么作用，检修维护是如何进行维护，维护周期多长时间，达到什么样标准。最后详细讲解此风机典型故障处理，针对具体故障，其所涉及的电控电路拆分为"供电侧""控制侧""反馈侧"三部分，依次分析控制原理，为故障处理提供整体电路检查思路，方便以后的故障处理，省掉不必要的检查范围，缩短故障处理时间并提高发电量。

　　本书力求知识点详尽、准确，但限于经验理论水平有限，难免会出现不妥之处，恳请各位读者翻阅之后提出宝贵意见，以便及时修订完善。

编者
2024年7月

目　录

第一章 元器件详解

通过本章知识内容学习，能够对风力发电机组的基本元器件工作原理、图形符号、检测方法有更深的掌握，方便以后故障处理。

第一节 开关器件

通过本节知识内容学习，能够掌握断路器、继电器、接触器、限位开关、接近开关、温控开关、凸轮开关这些元器件的工作原理、图形符号、检测方法。

一、断路器

断路器，又名空气开关，是一种只要电路中电流超过额定电流就会自动断开的开关，是低压配电网络和电力拖动系统中非常重要的一种电器，它集控制和多种保护功能于一身。除能完成接触和分断电路外，断路器能对电路或电气设备发生的短路、严重过载及欠电压等进行保护，同时也可以用于不频繁地启动电动机。实物图如图1-1所示，电气符号如图1-2所示。

当线路发生一般性过载时，过载电流虽不能使电磁脱扣器动作，但能使热元件产生一定热量，促使双金属片受热向上弯曲，推动杠杆使搭钩与锁扣脱开，将主触头分断，切断电源。当线路发生短路或严重过载电流时，短路电流超过瞬时脱扣整定电流值，电磁脱扣器产生足够大的吸力，将衔铁吸合并撞击杠杆，使搭钩绕转轴座向上转动与锁扣脱开，锁扣在反力弹簧的作用下将三副主触头分断，切断电源。

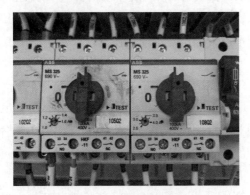

图 1-1 断路器实物图

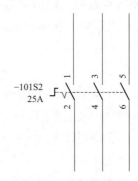

图 1-2 断路器电气符号

二、继电器

继电器是一种电控制器件，是当输入量的变化达到规定要求时，在电气输出电路中使被控量发生预定的阶跃变化的一种电器。继电器具有控制系统（又称输入回路）和被控制系统（又称输出回路）之间的互动关系。通常应用于自动化的控制电路中，继电器实际上是用小电流去控制大电流运作的一种"自动开关"，故在电路中起着自动调节、安全保护、转换电路等作用。实物图如图1-3所示，电气符号如图1-4所示。

图1-3　继电器实物图

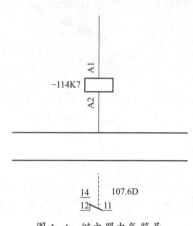

图1-4　继电器电气符号

1.工作原理

继电器A1、A2角为控制线圈正负极接线口（A1接正极、A2接正极），在未得电情况下，执行回路触点11、12为常闭状态，触点11、14为常开状态。当继电器控制线圈得电后，继电器指示灯亮，执行回路触点11角与12角断开，11角与14角导通；当继电器线圈失电时，继电器指示灯熄灭，执行回路触点11角与12角导通，11角与14角断开。

2.检测方法

（1）检测线圈的阻值，若有阻值说明线圈良好，阻值通常几十欧至几百欧。

（2）常闭触点阻值，阻值接近0Ω，说明继电器良好；阻值无穷大，说明继电器损坏；若阻值上几十、几百欧，说明触点接触不良，继电器不能再使用。

三、接触器

接触器分为交流接触器（电压AC）和直流接触器（电压DC），它应用于电力、配电与用电场合。接触器广义上是指工业电中利用线圈流过电流产生磁场，使触头闭合，以达到控制负载的电器。实物图如图1-5所示，电气符号如图1-6所示。

1.工作原理

当接触器线圈通电后，线圈电流会产生磁场，产生的磁场使静铁芯产生电磁吸力吸引动铁心，并带动交流接触器点动作，常闭触点断开，常开触点闭合，两者是联动的。当线圈断电时，电磁吸力消失，衔铁在释放弹簧的作用下释放，使触点复原，常开触点断开，常闭触点闭合。

图 1-5　接触器实物图

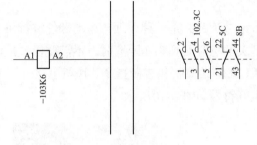

图 1-6　接触器电气符号

2.检测方法

（1）检测线圈的阻值，若有阻值说明线圈良好，阻值通常几十欧至几百欧。

（2）常闭触点阻值，阻值接近0Ω，说明接触器良好；阻值无穷大，说明接触器已损坏；若阻值上几十、几百欧，说明触点接触不良，接触器不能再使用。

四、开关器件

1.限位开关

限位开关也称行程限位开关，主要用于控制机械设备行程和进行限位保护。在实际运用中，行程限位开关安装于预先安排的位置，在装于生产机械运动部件模块撞击行程时，行程限位开关触点动作，有效地实现电路之间切换。实物图如图1-7所示，电气符号如图1-8所示。

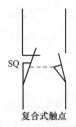

SQ

复合式触点

图 1-7　限位开关实物图　　图 1-8　限位开关电气符号

3

（1）工作原理。

当物体的运动到达设定的限位时，滑块会压住连接杆，使开关被断开，从而断开电源，防止机器运动超出设定的范围，从而避免发生意外事故。

（2）检测方法。

按下限位开关，用万用表导通挡测量常闭触点断开，常开触点导通。松开后恢复到原始状态，常闭触点导通，常开触点断开。

2.接近开关

接近开关是一种无须与运动部件进行机械直接接触而可以操作的位置开关，当物体接近开关的感应面到动作距离时，不需要机械接触及施加任何压力即可使开关动作，从而给计算机（PLC）装置提供控制指令。风机上接近开关主要是电感式接近开关。实物图如图1-9所示，电气符号如图1-10所示。

图1-9　接近开关实物图

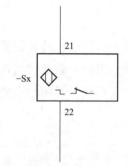

图1-10　接近开关电气符号

（1）工作原理。

电感式接近开关是利用导电物体在接近这个能产生电磁场接近开关时，使物体内部产生涡流。这个涡流反作用到接近开关，使开关内部电路参数发生变化，由此识别出有无导电物体移近，进而控制开关的通或断，这种接近开关所能检测的物体必须是导电体。

（2）检测方法。

三线制接近开关的三根线：棕色接电源正极，蓝色接电源负极，黑色是信号输出线。如果是NPN型接近开关，黑色线为低电平输出，工作时黑线和开关电源的正极之间有24V电压。如果是PNP型接近开关，黑色线为高电平输出，工作时黑线和开关电源的负极之间有24V电压。

3.温控开关

温控开关根据工作环境的温度变化，在开关内部发生物理形变，从而产生某些特殊效应，产生导通或者断开动作的一系列自动控制元件。实物图如图1-11所示，电气符号如图1-12所示。

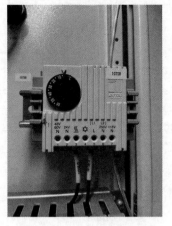

图 1-11　温控开关实物图

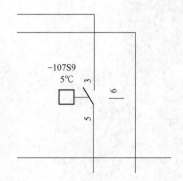

图 1-12　温控开关电气符号

（1）工作原理。

由于热膨胀系数不同，双金属片在温度改变时，两面的热胀冷缩程度不同，因此在不同的温度下，其弯曲程度发生改变。温度高于双金属片的膨胀温度时，双金属片触点位置变形而断开，电路断开。温度低于双金属片的膨胀温度时，双金属片触点位置恢复原形而闭合，电路闭合。

（2）检测方法。

调节温度开关设定旋钮，当环境温度低于温度设定值时，开关3、5端口导通；当环境温度高于温度设定值时，开关3、5端口断开。

4.凸轮开关

凸轮开关是通过齿轮、蜗轮蜗杆的传动带动凸轮开关和传感器的转动，用于检测和监测旋转部件的角度值和速度值。凸轮开关主要用于工业自动化中位移、角度等的测量和定位，特别是风力发电机组的机舱偏航角度和位置的测量和监测，使用领域广泛。实物图如图1-13所示，电气符号如图1-14所示。

（1）工作原理。

码盘旋转带动2个白色撞块旋转，直至触碰微动开关致使常闭触点断开，常开触点导通。微动开关为风机左扭缆保护开关，触发微动开关后，其中13、14常开触点导通后反馈给PLC报凸轮扭缆开关动作，同时21、22常闭触点断开，此触点串入安全链系统，断开后，风机报安全链故障。下面微动开关为风机右扭缆保护开关，触发微动开关后，其中13、14常开触点导通后反馈给PLC报凸轮扭缆开关动作，同时21、22常闭触点断开，此触点串入安全链系统，断开后，风机报安全链故障。

图 1-13　凸轮开关实物图

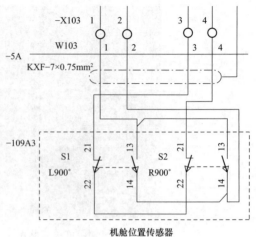

图 1-14　凸轮开关电气符号

（2）检测方法。

旋转码盘，使白色撞块碰撞微动开关，此时测量常闭触点断开，常开触点导通。反向旋转码盘，使白色撞块远离微动开关，此时测量常闭触点导通，常开触点断开。测量凸轮内部计数装置，此装置为滑动变阻器，测量棕色与白色线为一个阻值，测量黄色与白色线为另一个阻值，两个阻值相加等于测量棕色线与黄色线之间的阻值约 $10k\Omega$，说明滑动变阻器性能完好计数正常。

第二节　保护型器件

通过本节知识内容学习，能够掌握熔断器、浪涌保护器这些元器件的工作原理、图形符号、检测方法。

一、熔断器

熔断器，也称为保险丝，是一种安装在电路中，保证电路安全运行的电器元件。熔断器其实就是一种短路保护器，广泛用于配电系统和控制系统，主要进行短路保护或严重过载保护。实物图如图 1-15 所示，电气符号如图 1-16 所示。

1. 工作原理

熔断器用金属导体作为熔体串联于电路中，当过载或短路电流通过熔体时，因其自身发热而熔断，从而分断电路的一种电器。熔断器结构简单，使用方便，广泛用于电力系统、各种电工设备和家用电器中作为保护器件。

2. 检测方法

熔断器使用万用表测量阻值，正常情况下小于 0.5Ω。

图 1-15 熔断器实物图

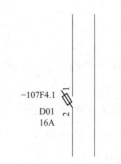

图 1-16 熔断器电气符号

二、浪涌保护器

浪涌保护器，是一种为各种电子设备、仪器仪表、通信线路提供安全防护的电子装置。当电气回路或者通信线路中因为外界的干扰突然产生尖峰电流或者电压时，浪涌保护器能在极短的时间内导通分流，从而避免浪涌对回路中其他设备的损害。实物图如图1-17所示，电气符号如图1-18所示。

1.工作原理

当浪涌保护器在正常状态下，它在电路中对地相当于一个开路状态，高电阻状态；当主回路电路发生瞬间过电压时（比如雷击）这时浪涌在瞬间过电压状态时相当于低阻状态，它会瞬间泄放浪涌电流并限制浪涌电压。

图 1-17 熔断器实物图

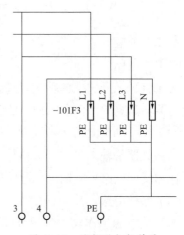

图 1-18 熔断器电气符号

2.检测方法

正常情况下，每一相对地阻值为无穷大，当其损坏时，每一相对地阻值为几欧至十几欧，并且模板标识色由绿色变为红色。也有其他涌保护器损坏时，有卡片弹出并且卡片上标有"defeat"（损坏）字样。

第三节　整流器件

通过本节知识内容学习，能够掌握24V开关电源元器件的工作原理、图形符号、检测方法。

工业上经常要用到稳定的24V直流开关电源，用来给PLC、各类传感器、继电器、触摸屏、电磁阀等提供直流电源，就需要用到开关电源对输入电压及电流进行转换。实物图如图1-19、图1-20所示。

图1-19　开关电源实物图

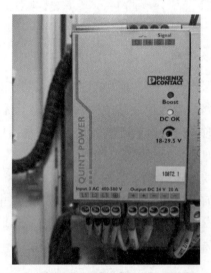

图1-20　UPS电源实物图

1.工作原理

（1）主电路。

交流电进入开关电源首先经过整流和滤波转变为高压直流电，再经过开关电路和高频开关变压器转为高频率低压脉冲，然后经过整流和滤波电路，最后输出低电压的直流电源。

（2）控制和反馈回路。

给开关器件输入给定开关信号，使开关器件打开和关闭，从而达到能量传输的目的。根据采样和反馈回路采集输出，形成负反馈的闭环回路，达到使开关电源稳定输出的目的。

（3）保护电路。

当开关电源工作异常时，可以限制电流或者关断电源等，以达到保护电源负载的目的。保护类型主要包括欠压电压保护、过电压保护和过电流保护和过热保护等。

2.检测方法

用数字万能表测量交流输入侧、直流输出侧的端口电压是否与直流电源铭牌标注电压相同。当交流输入侧电压正常，直流输出侧电压异常时，则开关电源可能发生损坏。

第四节 传感器

通过本节知识内容学习，能够掌握PT100温度传感器、加速度传感器等元器件的工作原理、图形符号、检测方法，以及PT100温度传感器的接线方式。

一、PT100温度传感器

PT100温度传感器是一种将温度变量转换为可传送的标准化输出信号的仪表。主要用于工业过程温度参数的测量和控制。实物图如图1-21所示，电气符号如图1-22所示。

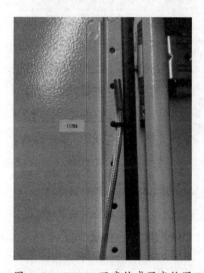

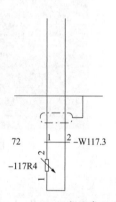

图1-21　PT100温度传感器实物图　　　　图1-22　PT100温度传感器电气符号

1.工作原理

PT100温度传感器是一种以铂（Pt）制成的电阻式温度传感器，属于正电阻系数。PT100在0℃时阻值为100Ω。

2.检测方法

PT100温度传感器一般分为两线式、三线式和四线式3种形式。使用万用表的电阻挡，测试PT100温度传感器引线之间的电阻，可以大致判断其好坏。

下面给出的数值是在常温下的数值。

（1）两线式。

两线式以测量时周围温度20℃为例，直接测量其阻值在107.7Ω左右。

（2）三线式。

三线式引线分别为1、2、3。其中：1和2之间、1和3之间，其阻值约为107.7Ω；2和3

之间的阻值为0。

（3）四线式。

四线式引线分别为1、2、3、4。其中：1和2之间、1和4之间、2和3之间、3和4之间，其阻值为107.7Ω左右；1和3之间、2和4之间，其阻值为0。

二、加速度传感器

加速度传感器是一种能够测量加速度的传感器。通常由质量块、阻尼器、弹性元件、敏感元件和适调电路等部分组成。传感器在加速过程中，通过对质量块所受惯性力的测量，利用牛顿第二定律获得加速度值。根据传感器敏感元件的不同，常见的加速度传感器包括电容式、电感式、应变式、压阻式、压电式等。加速度传感器实物图如图1-23所示。

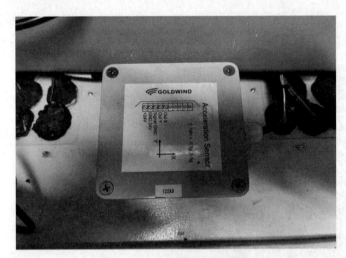

图 1-23　加速度传感器实物图

1.工作原理

多数加速度传感器是根据压电效应的原理来工作的。所谓的压电效应就是：对于不存在对称中心的异极晶体加在晶体上的外力，除了使晶体发生形变以外，还将改变晶体的极化状态，在晶体内部建立电场，这种由于机械力作用使介质发生极化的现象称为正压电效应。

一般加速度传感器就是利用了其内部的由于加速度造成的晶体变形这个特性。由于这个变形会产生电压，只要计算出产生电压和所施加的加速度之间的关系，就可以将加速度转化成电压输出。当然，还有很多其他方法来制作加速度传感器，比如压阻技术、电容效应、热气泡效应、光效应，但是其最基本的原理都是由于加速度产生某个介质产生变形，通过测量其变形量并用相关电路转化成电压输出。

2.检测方法

在加速度传感器1、2角通上24V直流电源后，一定要平稳放置，用万用表测量传感器3、5角（红表笔测量5角、黑表笔测量3角）应该有+5V左右直流电压，用万用表测量传感器3、4角（红表笔测量4角、黑表笔测量3角）应该有−5V左右直流电压，说明性能完好。

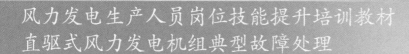

第二章　主控系统

通过本章知识内容学习，能够对风力发电机组的主控系统常用元器件、过速模块、机组安全系统功能、机组变流系统功能、机组变桨系统功能、通信系统有更深的掌握，方便以后故障处理。

第一节　主控系统简介

通过本节知识内容学习，能够对常规控制系统在功能上的分类以及每类的作用，安全控制系统在功能上的分类以及每类的作用均有深度地掌握。

主控系统是整机控制的核心，可以分为两个子系统：常规控制系统、安全控制系统。

1.常规控制系统

常规控制系统用来控制整个风机在各种外部条件下能够在正常的限定范围内运行。从功能上分为：

（1）功率控制系统。机组功率控制方式为变速变桨策略的控制方式，风速低于额定风速时，机组采用变速控制策略，通过控制发电机的电磁扭矩来控制叶轮转速，使机组始终跟随最佳功率曲线，从而实时捕获最大风能，当风速大于额定风速时，机组采用变速变桨控制策略，使机组维持稳定的功率输出。

（2）偏航控制系统。采用主动对风控制策略，通过安装在机舱尾部的风向标风向位置和偏航位置传感器反馈机舱位置夹角决定是否偏航，实现实时调节风轮的迎风位置，从而使得机组实现最大风能捕获和降低载荷。

（3）液压控制系统。液压系统控制的目标是当液压系统压力低于系统启动压力设置值时，液压泵启动。系统压力高于停止液压泵压力设置值时，液压泵停止工作。另外，在偏航时给刹车盘施加一定的阻尼压力，当偏航停止时偏航闸抱紧刹车盘，来保持叶轮一直处于对风位置。

（4）电网监测系统。实时监控电网参数，确保机组在正常电网状况下运行。

（5）计量系统。实时检测机组的发电量，为经营提供依据。

（6）机组正常保护系统。实时监控整机的状态，如：风速、温度、后备电源状态等数据。

（7）低压配电系统。为机组用电设备输送电源。

（8）故障诊断和记录功能。正确输出机组的当前故障，并记录故障前后的数据。

（9）人机界面。提供信息服务功能。

（10）通信功能。系统集成水冷系统、变桨系统、变流系统，从而实现协同控制。同时，把机组信息实时上传到中央集控中心。机组控制系统结构图如图2-1所示。

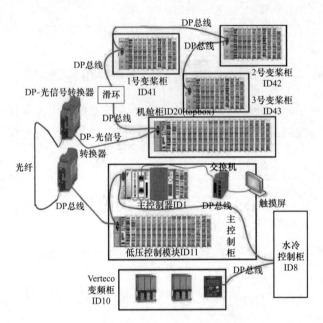

图2-1　机组控制系统结构图

2.安全控制系统

安全控制系统是独立于风机正常控制系统外的状态监控系统。安装在风机上独立于正常控制系统外的传感器和执行机构。传感器和执行机构通过安全模块连成一个独立的系统，当这些传感器动作时，触发安全控制系统，安全控制系统一旦被触发，风机立即会停机，并且切断偏航系统接触器，风机停止偏航和自动起机，此时风机脱离正常控制系统，从而最大程度上保持风机的安全。安全控制系统从功能上分为：

（1）扭缆保护功能。当机舱位置相对零度偏航位置大于900°时，急停风机。

（2）过速保护功能。当风机转速大于额定转速的1.2倍时，急停风机。

（3）振动保护功能。当风机振动开关动作，急停风机。

（4）变桨故障保护功能。当风机变桨系统安全链系统动作，急停风机。

（5）急停功能。当风机机舱或塔底急停开关动作，急停风机。

（6）PLC看门狗。当风机发生通信故障或者PLC系统失效时，安全系统动作，急停风机。

第二节　主控系统常用元器件

通过本节知识内容学习，能够掌握CX1500-M310 PROFIBUS总线主站模块、CX1020CPU模块、KL9210总线供电端子、KL1104 4通道数字量输入端子、KL2134 4通道数字量输出端子、

KL3204 4通道模拟量输入端子、KL9010 K_BUS终端端子这些元器件的工作原理、技术参数。

一、Beckoff 模块简介

1. CX1500-M310 PROFIBUS 总线主站模块

CX1500-M310 PROFIBUS总线主站模块技术数据如表2-1所示,实物图如图2-2所示。

图 2-2　CX1500-M310 实物图

CX1500-M310 PROFIBUS现场总线主站接口如表2-1所示。

表2-1　　　　　　CX1500-M310 PROFIBUS现场总线主站接口

技术数据	CX1500-M310
现场总站	PROFIBUS-DP, DP-V1, DP-V2(MC)
传输速率	9.6K~12MBd
总线连接	1×D-sub, 9-针
总线节点	最多125个从站,每个从站可处理244个字节的输入、输出、参数、配置、诊断数据
CPU接口	ISA即插即用, 2 Kbyte DPRAM
最大功耗	1.8W
特点	PROFIBUS-每个从站的DP循环时间均可不同。每个总线用户的错误管理可自由组态
尺寸($W×H×D$)	38mm×100mm×91mm
重量	190g
工作温度	0℃…+55℃
储藏温度	−25℃…+85℃
相对湿度	95%,无冷凝
抗振动/抗冲击性能	符合标准 IEC 68-2-6/IEC 68-2-29
抗电磁及瞬时脉冲干扰/静电放电	符合标准 EN 50082(静电放电,脉冲)/EN 50081
防护等级	IP 20

2. CX1020 CPU 模块

CX1020基本CPU模块通过一个功能更为强大的1GHz InteL® M CPU对现有CX1000系列产品进行了扩展。虽然具有更高的性能，该控制器却无须风扇或者其他旋转部件。除了CPU和芯片组之外，CX1020模块还包含各种尺寸的主存储器，标配为256MB的DDR RAM，它可以扩展为512MB或者1GB。控制器从CF卡启动。CX1020 CPU模块实物图如图2-3。

图 2-3　CX1020 CPU 模块实物图

CX1020的标准配置包括一个64MB的CF卡和两个以太网RJ 45接口，这两个接口与一个内部交换机相连，用户可以在不使用额外以太网交换机的情况下创建线型拓扑结构。所有其他CX系列产品组件都可以通过设备两侧的PC104接口进行连接，产品还提供了无源冷却模块。操作系统可以是Windows CE或嵌入版Windows XP。TwinCAT自动化软件把CX1020系统转化为功能强大的PLC和运动控制系统，可以在带有可视化功能或者不带可视化功能的情况下进行操作。与CX1000不同，CX1020也可以通过TwinCAT NC I完成带插补的轴运动。

用户也可以在基本CPU模块中添加更多系统接口或者现场总线接口。CPU模块需要一个CX1100型电源模块。CX1020可以和所有CX1500系列现场总线模块以及CX1000系列的所有CX1100电源模块配套使用。CX1100-0004电源模块在CX1020和EtherCAT端子之间提供了一个直接接口。CX1020、EtherCAT和TwinCAT的组合能够使系统的周期和响应时间小于1μs。

基本CPU模块的型号标识符按照如表2-2方式导出。

表2-2　　　　　　　　　　　基本CPU模块的型号标识符

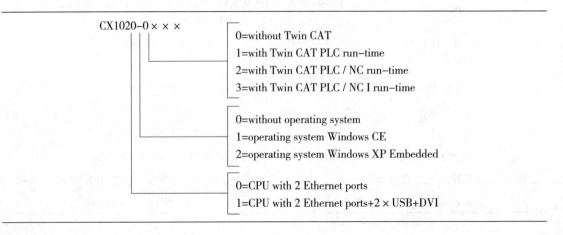

CX1020-0×××

- 0=without Twin CAT
- 1=with Twin CAT PLC run-time
- 2=with Twin CAT PLC / NC run-time
- 3=with Twin CAT PLC / NC I run-time

- 0=without operating system
- 1=operating system Windows CE
- 2=operating system Windows XP Embedded

- 0=CPU with 2 Ethernet ports
- 1=CPU with 2 Ethernet ports+2×USB+DVI

Ordering information	DVI/USB	无操作系统	Win CE	嵌入式 win XP	不带 TwinCAT	TwinCAT PLC run-time	TwinCAT NC run-time	TwinCAT NC I run-time
CX 1020–0000	–	×	–	–	×	–	–	–
CX 1020–0010	–	–	×	–	×	–	–	–
CX 1020–0011	–	–	×	–	–	×	–	–
CX 1020–0012	–	–	×	–	–	×	×	–
CX 1020–0013	–	–	×	–	–	×	×	×
CX 1020–0100	×	×	–	–	×	–	–	–
CX 1020–0110	×	–	×	–	×	–	–	–
CX 1020–0111	×	–	×	–	–	×	–	–
CX 1020–0112	×	–	×	–	–	×	×	–
CX 1020–0113	×	–	×	–	–	×	×	×
CX 1020–0020	–	–	–	×	×	–	–	–
CX 1020–0021	–	–	–	×	–	×	–	–
CX 1020–0022	–	–	–	×	–	×	×	–
CX 1020–0023	–	–	–	×	–	×	×	×
CX 1020–0120	×	–	–	×	×	–	–	–
CX 1020–0121	×	–	–	×	–	×	–	–
CX 1020–0122	×	–	–	×	–	×	×	–
CX 1020–0123	×	–	–	×	–	×	×	×

3. KL9210总线供电端子

供电端子可插入输入和输出端子之间的任意位置，以构建一个电位组，或给右侧端子供电。供电端子提供的电压最高为交流230V。具有诊断功能的端子可向控制器报告电压故障或短路。来自诊断端子的功能和电子数据，类似于2通道电压输入端子，换言之它们在自动化设备过程映像中占2位。KL9210总线供电端子实物图如图2-4所示，技术参数如表2-3所示。

图 2-4 KL9210 总线供电端子实物图

表 2-3 　　　　　　　　　　　　　　KL9210 模块技术参数

技术参数	KL9210
电源触点负荷	最大 10 A
短路保护	125 A
电压	24 V DC 或 230 V AC，取决于类型
抗振动 / 抗冲击性能	符合 EN 60068-2-6/EN 60068-2-27/29
抗电磁及瞬时脉冲干扰 / 静电放电	符合 EN 61000-6-2（EN 50082）/EN 61000-6-4（EN 50081）
防护等级 / 安装位置	IP 20 可变
额定输出电压	24 V DC
集成细丝熔断器	6.3 A
诊断功能	有
电源 LED	绿色
故障 LED	红色
报告给 K-bus	有
PE 触点	有
屏蔽连接	—
重新馈入	有
连接其他电源触点	1
K-bus 回路	有

技术参数	KL9210
过程映像中的位宽	2
连接到导轨	—
电气隔离	有
外壳宽度（mm）	12
与总线上带电源触点的端子并排安装	有
与总线上带电源触点的端子并排安装	有

4. KL1104 4通道数字量输入端子

KL1104数字量输入端子，从现场设备获得二进制控制信号，并以电隔离的信号形式将数据传输到更高层的自动化单元。KL1104带有输入滤波。每个总线端子含4个通道，每个通道都有一个LED指示其信号状态。KL1104特别适合安装在控制柜内以节省空间。实物图如图2-5所示，技术参数如表2-4所示。

图 2-5　KL1104 实物图

表2-4　　　　　　　　　　　　　　KL1104模块技术参数

技术参数	KL1104
输入点数	4
额定电压	24 V DC（−15%/+20%）
"0"信号电压	−3 V…5 V

续表

技术参数	KL1104
"1"信号电压	15 V…30 V
输入滤波时间	3.0 ms
输入电流	典型值 5 mA
K-bus 电流消耗	典型值 5 mA
电气隔离	500 Vrms（K-bus/ 现场电位）
过程映像中的位宽	4 个输入位
配置	无地址或通过配置设定
重量	55 g
工作温度	0~+55℃
储藏温度	−25℃…+85℃
相对湿度	95%，无凝结
抗振动 / 抗冲击性能	符合 EN 60068-2-6/EN 60068-2-27/29
抗电磁及瞬时脉冲干扰 / 静电放电	符合 EN 61000-6-2（EN 50082）/ EN 61000-6-4（EN 50081）
防护等级 / 安装位置	IP 20/ 可变

5. KL2134 4通道数字量输出端子

KL2134数字量输出端子将自动化控制层传输过来的二进制控制信号以电隔离的信号形式传到设备层的执行机构。KL2134有反向电压保护功能。每个总线端子含4个通道，每个通道都有一个LED指示其信号状态。KL2134数字量输出端子实物图如图2-6所示，技术参数如表2-5所示。

图 2-6　KL2134 数字量输出端子实物图

表2-5 KL2134模块技术参数

技术参数	KL2134
输出点数	4
额定负载电压	24 V DC（-15%/+20%）
负载类型	电阻性负载，电感式负载，灯类负载
最大输出电流（每通道）	0.5 A（短路保护）
K-bus 电流消耗	典型值 9 mA
负载电压电流损耗	典型值 30 mA
反向电压保护	有
电气隔离	500 Vrms（K-BUS/现场电位）
过程映像中的位宽	4 个输出位
配置	无地址或通过配置设定
质量	70 g
工作温度	0℃…+55℃
储藏温度	-25℃…+85℃
相对湿度	95%，无凝结
抗振动/抗冲击性能	符合 EN 60068-2-6/EN 60068-2-27/29
抗电磁及瞬时脉冲干扰/静电放电	符合 EN 61000-6-2（EN 50082）/EN 61000-6-4（EN 50081）

6. KL3204 4通道模拟量输入端子

KL3204模拟量输入端子可直接连接电阻型传感器。总线端子电路可使用线制连接技术连接传感器。整个温度范围的线性度由一个微处理器来实现，温度范围可以任意选定。总线端子的标准设置为：PT100传感器，分辨率为0.1℃。故障LED显示传感器故障（例如断线）。KL3204含4个通道。KL3204模拟量输入端子实物图如图2-7所示，技术参数如表2-6所示。

图 2-7　KL3204 实物图

表 2-6   KL3204 模块技术参数

技术参数	KL3204
输入点数	4
电源	通过 K 总线
传感器类型	PT100，PT200，PT500，PT1000，Ni100，Ni120，Ni1000，阻抗测量（如电位器连接，10Ω－1.2 kΩ/5 kΩ）
连接方式	2 线制
温度范围	−250℃…+850℃（PT 传感器）； −60℃…+250℃（Ni 传感器）
分辨率	0.1℃/ 数字
电气隔离	500 Vrms（K-BUS/ 信号电位）
转换时间	~250ms
测量电流	典型值 0.5mA
测量误差（总体测量范围）	小于 ±1℃
过程映像中的位宽	输入：4×16 个数据位（4×8 控制 / 状态位可选）
K-bus 电流消耗	典型值 60mA
配置	无地址设置，通过总线耦合器或控制器配置
工作温度	0℃…+55℃
储藏温度	−25℃…+85℃
相对湿度	95%，无凝结
抗振动 / 抗冲击性能	符合 EN 60068-2-6/EN 60068-2-27/29
抗电磁及瞬时脉冲干扰 / 静电放电	符合 EN 61000-6-2（EN 50082）/ EN 61000-6-4（EN 50081）
防护等级 / 安装位置	IP 20/ 可变

7. KL9010 K_BUS 末端端子

　　KL9010 总线末端端子可用于总线耦合器和总线端子之间的数据交换。每一个站都可在右侧使用 KL9010 作为总线末端端子。总线末端端子不具有任何其他功能或连接能力。实物图如图 2-8 所示，技术参数如表 2-7 所示。

图 2-8　KL9010 实物图

表 2-7　　　　　　　　　　　　　KL9010 模块技术参数

技术参数	KL9010
K-BUS 电流消耗	—
电气隔离	500Vrms（K-BUS/ 信号电位）
过程映像中的位宽	—
配置	无地址或通过配置设定
质量	50g
工作 / 储藏温度	0~55℃，-25~70℃
相对湿度	5%~95%，无凝结
抗电磁及瞬时脉冲干扰	符合 EN61000-6-2/EN61000-6-4 标准
抗振动 / 冲击性能	符合 EN60068-2-6/EN60068-2-27，EN60068-2-29
防护等级	IP20
安装位置	任意

第三节　过速模块

通过本节知识内容学习，能够掌握过速模块放置位置、工作原理、各个端子的含义。

过速模块设备通过 2 个放置在主轴上的脉冲传感器来计算直驱永磁发电机的转速。当检测到任一输入的脉冲速度达到设置点时，串在安全链中的继电器断开。设置点可以通过模块的19线连接器的线端子来选择。基本速度为15r/min，如果要设置24r/min可以连接端子4、7和9。为检测模块的本征函数，两个相似的输出连接到主控制器，并与Gspeed模块的测量结果作比较。过速模块实物图如图2-9所示。

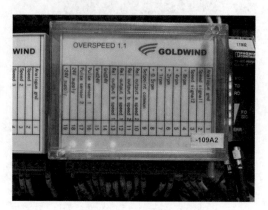

图2-9　过速模块实物图

表2-8为过速模块各个端子技术参数。

表2-8　　　　　　　　　　　　　过速模块各个端子技术参数

端子号	端子名称	端子描述	电压等级
1	地		24V
2	速度信号1	$0\cdots10V = 0\cdots35Hz = 0\cdots35r/min$	
3	速度信号2	$0\cdots10V = 0\cdots35Hz = 0\cdots35r/min$	
4	+8r/min		
5	+4r/min		
6	+2r/min		
7	+1r/min		
8	+0.5r/min		
9	通用设置点	无连接速度 = 15r/min =15Hz	
10	继电器输出a速度2	断开当模块故障或过速	
11	继电器输出b速度2		
12	继电器输出a速度1	断开当模块故障或过速	
13	继电器输出b速度1		
14	Gnd24V		
15	Gnd24V		
16	脉冲传感器1	60 PPS	

端子号	端子名称	端子描述	电压等级
17	脉冲传感器 2	60 PPS	
18	+24V 电源		
19	+24V 电源		

第四节　机组安全系统功能

通过本节知识内容学习，能够掌握安全链的定义、硬件安全链、组成部分软件安全链组成部分、安全继电器工作原理、变桨系统与主控系统安全链的关系。

安全系统也叫作安全链，它是独立于计算机系统的软硬件保护措施。采用反逻辑设计，将可能对风力机组造成严重损害的故障节点串联成一个回路：紧急停机按钮（塔底主控制柜）、发电机过速模块 1 和 2、扭缆开关、来自变桨系统安全链的信号、紧急停机按钮（机舱控制柜）、振动开关、PLC 过速信号、到变桨系统的安全链信号、总线 OK 信号。一旦其中一个节点动作，将引起整条回路断电，机组进入紧急停机过程，并使主控系统和变流系统处于闭锁状态。如果故障节点得不到恢复，整个机组的正常的运行操作都不能实现。同时，安全链也是整个机组的最后一道保护，它处于机组的软件保护之后。安全系统由符合国际标准的逻辑控制模块和硬件开关节点组成，它的实施使机组更加安全可靠。

一、机组安全系统硬件安全链结构图

该机组安全系统硬件安全链节点包括变桨安全链、纽缆开关、振动开关、PLC 急停、过速、机舱急停按钮、主控急停按钮，一旦某一个节点故障，整个安全链就会断开。安全链结构图如图 2–10 所示。

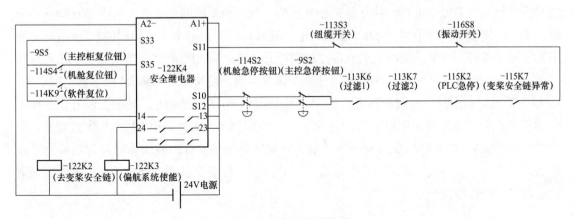

图 2–10　安全链结构图

二、机组安全系统安全继电器内部结构图

安全继电器内部电路由电磁线圈和常开常闭触点组成，线圈得电与否，直接带动常开常闭触点，进而控制外部电路。安全继电器实物图如图 2-11 所示，安全继电器内部电路图如图 2-12 所示。

图 2-11　安全继电器实物图

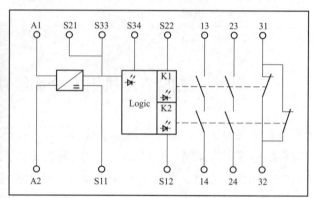

图 2-12　安全继电器内部电路图

三、机组安全系统软件安全链结构图

在实际接线上，安全链上的各个节点并不是真正的串联在一起的，而是通过安全链模块中常开常闭触点联系在一起的，每个输入在逻辑上都是高电平 1，几个信号串联之后，其输出也必然都是高电平 1，但是只要有 1 个输入信号变成低电平 0，其输出也必然是低电平 0。安全链结构图如图 2-13 所示。

四、变桨系统与主控系统安全链的关系

从图 2-13 可以看出，变桨系统通过每个变桨柜中的 K4 继电器的触点来影响主控系统的安全链；主控系统的安全链是通过每个变桨柜中的 K7 继电器的线圈来影响变桨系统。变桨的安全链与主控的安全链相互独立而又相互影响。当主控系统的安全链上一个节点动作断开时，安全链到变桨的继电器 -122K2 线圈失电，其触点断开，每个变桨柜中的 K7 继电器的线圈失电触点断开，变桨系统进入到紧急停机的模式，迅速向 90° 顺桨。当变桨系统出现故障（如变桨变频器 OK 信号丢失、90° 限位开关动作等）时，变桨系统切断 K4 继电器上的电源，K4 继电器的触点断开，使安全链来自变桨的继电器 -115K7 线圈失电，其触点断开，主控系统的整个安全链也断开。同时，安全链到变桨的继电器 -122K2 线圈失电，其触点断开，每个变桨柜中的 K7 继电器的线圈失电触点断开，变桨系统中没有出现故障的叶片的控制系统进入到紧急停机的模式，迅速向 90° 顺桨。这样的设计使安全链环环相扣，能最大限度地对机组起到保护作用。

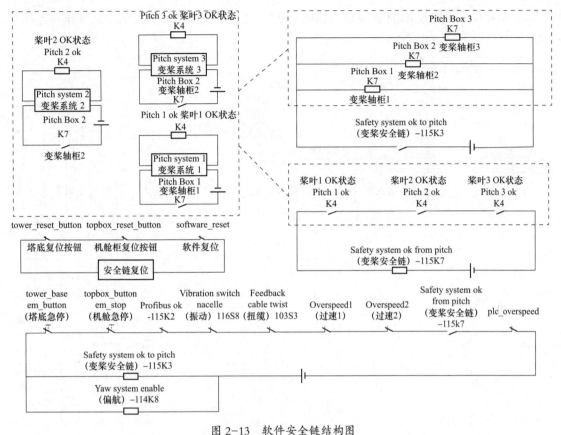

图 2-13　软件安全链结构图

逻辑上的输出实际上是通过安全链的输出模块来控制的，分别控制115K3和114K8继电器。输入是由实际的开关触点和程序中的布尔变量来共同实现的。实际的开关触点的开关状态由安全链模块的输入模块进行采集。程序中的布尔变量是按程序来进行控制的。

第五节　机组变流系统功能

通过本节知识内容学习，能够掌握变流器系统的工作原理、变流器控制器拨码的含义，掌握Freqcon变流系统主回路功能与设计、Freqcon变流器的逻辑功能和保护、正常停机逻辑、故障停机逻辑、变流器系统采样、变流器故障保护、变流器在对功率模块的硬件保护等知识。

一、Freqcon 变流系统工作原理介绍

如图2-14所示，风机待机状态下，当风速达到并网风速后，发电机两套绕组同时工作，此时发电机侧主断路器1、发电机侧主断路器2、网侧主断路器处于吸合状态，发电机两套绕组发出交流电流后，4套发电机电容并联到发电机出口，将交流电的谐波滤除掉。通过二极管1、2将发电机出口交流电整流成直流电，再通过3个斩波升压IGBT后，将直流母线电

压升高到600V。再通过IGBT逆变成交流电620V，通过网侧主断路器并到箱式变压器电压低压侧。

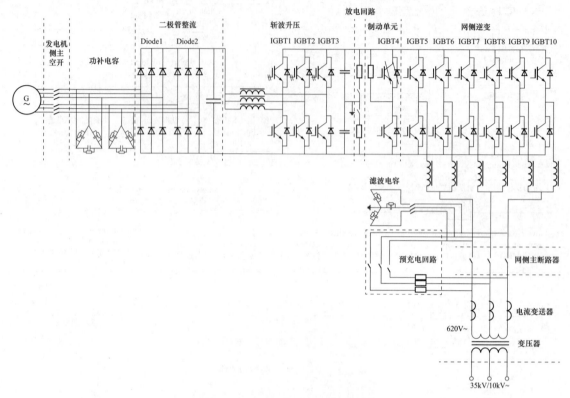

图 2-14　Freqcon 变流系统电路图

当风机报故障或达到维护状态时，此时发电机侧主断路器1、发电机侧主断路器2、网侧主断路器处于断开状态。风机故障消除或维护开关打到工作位置，首先预充电接触器吸合，通过逆变IGBT将直流母线电压充电420V，电压充到420V后，发电机侧主断路器1、发电机侧主断路器2、网侧主断路器吸合，预充电接触器断开，此时直流母线电压依靠逆变IGBT升压至520V左右。当风速达到并网风速后，发电机两套绕组发出交流电流后，4套发电机电容并联到发电机出口，将交流电的谐波滤除掉。通过二极管1、2将发电机出口交流电整流成直流电，再通过3个斩波升压IGBT后，将直流母线电压升高到600V。再通过IGBT逆变成交流电620V，通过网侧主断路器并到箱式变压器电压低压侧。

二、Skiip2403GB17 型号 IGBT

（1）特点：输入阻抗高，速度快，热稳定性好，驱动电路简单，通态电压低，耐压高，承受电流大。

（2）工作原理：IGBT的开通和关断是由门极电压来控制，门极加正电压时导通，门极加负电压时关断。因为IGBT常用于开关工作状态，开通时IGBT处于正向偏置，关断时处于反向偏置。为了使IGBT稳定工作，要求门极驱动：①提供适当的正反向输出电压，使管子能够可靠地开通和关断；②考虑IGBT的开关时间；③IGBT导通后驱动电路能够提供足够的电压和电流，保证管子在正常工作时不至于退出饱和而损坏；④驱动电路中的电阻对工作性能影响很大；⑤驱动电路具有较强的抗干扰能力及对管子的保护功能。

（3）IGBT保护：过电流保护——通过检测电流来切断门极；过电压保护——利用吸收电路抑制过电压；温度过高保护——检测IGBT的温度来决定跳闸。在G-E开路时，不要给C-E加电压；在未采取适当的防静电措施情况下，G-E端不能开路。

（4）IGBT栅极驱动电路要求选取栅极驱动电压要合适；开关时间要合适；管子导通后，驱动电路应提供足够的电压、电流幅值；驱动电路有足够的抗干扰能力。

三、变流器控制器（变流板）

（1）变流板内部是模拟电路板，它能够配合PLC的主控程序命令，实现变流器的控制功能，是Freqcon变流器的一个重要部分。

（2）变流板能够控制变流器的启动、停止；通过控制10只IGBT模块调制工作，完成从发电机到电网的能量转换；通过监测主电路的电压、电流等信号，对变流器运行起到保护；并利用采集到的信号完成频率、并网功率等数据的计算。图2-15为变流器控制器接口及指示灯说明。

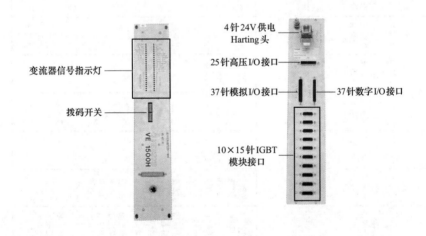

图 2-15 变流器控制器接口及指示灯说明

（3）变流板的接口。

1）驱动10只IGBT模块——通过10条15pin的Dsub电缆连接。

2）PLC模块的模拟量、开关量接口——通过两条37pin的Dsub电缆连接。

3）和高压I/O板（主电路电压、电流采样，驱动预充电、主动作）接口——通过1根25pin Dsub电缆连接和PLC的接口信号如图2-16所示。

模块	端子（BK3150 总线耦合器 / 模块）	功能	通道1	通道2	通道3	通道4
32BC3	BK3150（总线耦合器）	与变流相关模块倍箱模块				
32ST4	KL9210	24V电源（24V2.1 / 0V2.1）				
32DI6	KL1104	4路开关量输入	预充电接触器反馈	主断路器反馈	空闲	变流器ok
32DI7	KL1104	4路开关量输入	变流器ready	变流器pulsing	变流器DC过流	变流器chopper过流
32DI7.1	KL1104	4路开关量输入	变流器网侧GBT过流峰值	变流器相电压峰值	变流器直流母线电压min	变流器直流母线电压max
32DI8	KL1104	4路开关量输入	变流器升压IGBT故障	变流器斩波IGBT故障	变流器网侧IGBT故障	保留
32DI8.1	KL1104	4路开关量输入				
33DO2	KL2134	4路开关量输出	变流器on	变流器coable	变流器斩波测试	变流器circle AC测试
33DO3	KL2134	4路开关量输出	变流器circle DC测试	变流器安全系统Tonque-max		
33DOS4	KL2904	4路安全链开关量输出				
33DIS4	KL1904	4路安全链开关量输入	变流器发电机接触器on			
33AI4	KL3404	4路模拟量输入	变流器UL1	变流器UL2	变流器UL3	变流器I1
33AI4.1	KL3404	4路模拟量输入	变流器I2	变流器I3	变流器整流电压	变流器电网频率
33AI5	KL3404	4路模拟量输入	变流器有功功率	变流器无功功率	变流器母线正电压	变流器母线负电压
33AI5.1	KL3404	4路模拟量输入	变流器直流电流	变流器斩波电流	变流器升压IGBT温度1	变流器升压IGBT温度2
33AI6	KL3404	4路模拟量输入	变流器升压IGBT温度3	变流器斩波IGBT温度	变流器L1a IGBT温度	变流器L1b IGBT温度
33AI6.1	KL3404	4路模拟量输入	变流器L2a IGBT温度	变流器L2b IGBT温度	变流器L3a IGBT温度	变流器L3b IGBT温度
33AO6	KL4032	2路模拟量输出	变流器直流电流设定点	变流器无功功率设定点		
33AO7	KL4032	2路模拟量输出	变流测试circle AC设定点	变流测试circle DC设定点		
33ST8	KL9010	终端模块				

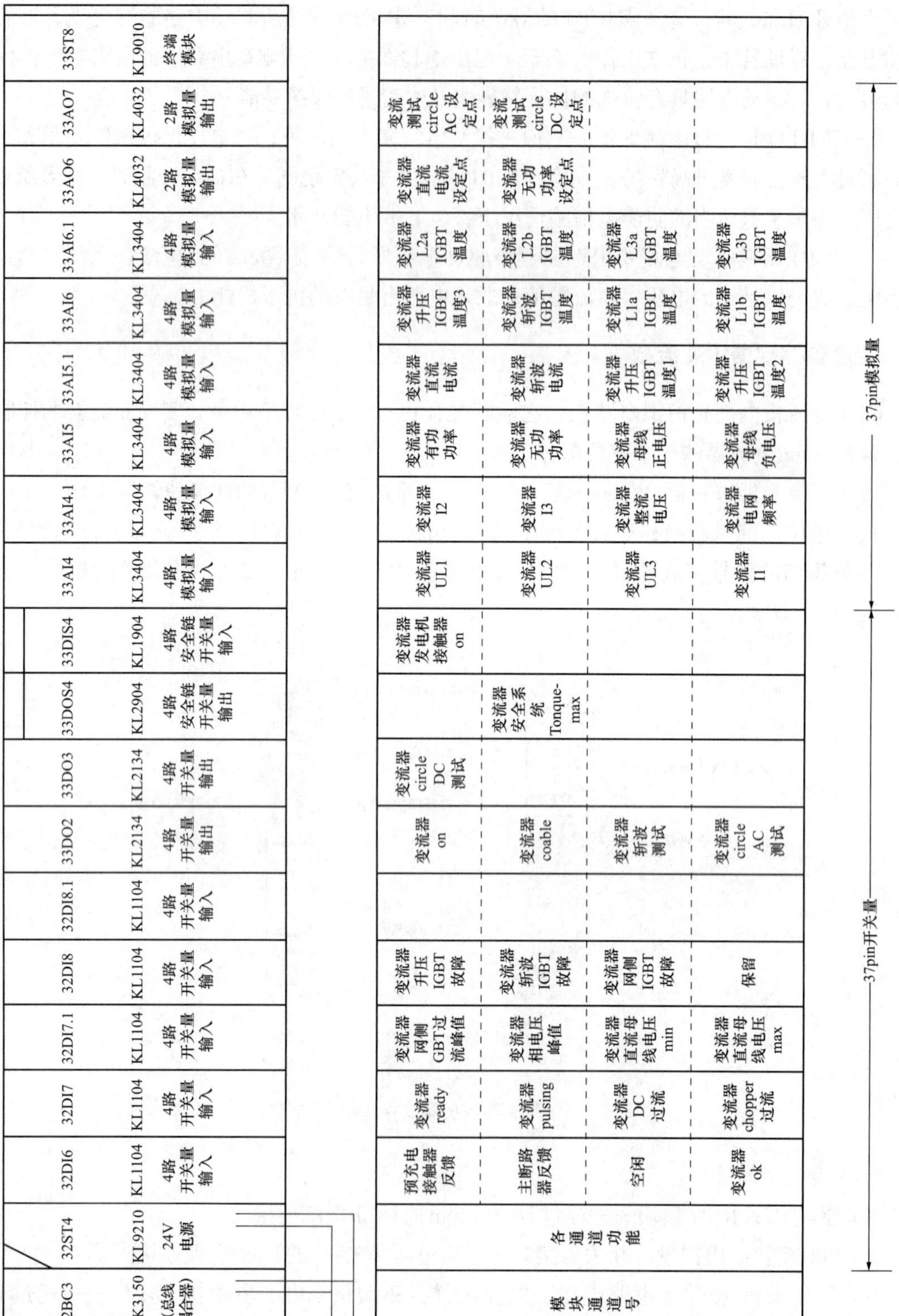

（右侧标注：37pin模拟量、37pin开关量）

图 2-16　变流器控制器各通道功能

（4）变流器控制器（变流板）拨码的含义（见表2-9）。

表2-9　　　　　　　　　　　　拨码的含义介绍

拨码号（上排）	功能
1 ON	斩波升压 IGBT 1 不使能
1 OFF	斩波升压 IGBT 1 使能
2 ON	斩波升压 IGBT 2 不使能
2 OFF	斩波升压 IGBT 2 使能
3 ON	斩波升压 IGBT 3 不使能
3 OFF	斩波升压 IGBT 3 使能
4 ON	网侧逆变 IGBT 5 不使能，第二套绕组 L1 相
4 OFF	网侧逆变 IGBT 5 使能
5 ON	网侧逆变 IGBT 6 不使能，第一套绕组 L1 相
5 OFF	网侧逆变 IGBT 6 使能
6 ON	网侧逆变 IGBT 7 不使能，第二套绕组 L2 相
6 OFF	网侧逆变 IGBT 7 使能
7 ON	网侧逆变 IGBT 8 不使能，第一套绕组 L2 相
7 OFF	网侧逆变 IGBT 8 使能
8 ON	网侧逆变 IGBT 9 不使能，第二套绕组 L3 相
8 OFF	网侧逆变 IGBT 9 使能
拨码号（下排）	**功能**
1 ON	网侧逆变 IGBT 10 不使能，第一套绕组 L3 相
1 OFF	网侧逆变 IGBT 10 使能
2 ON	斩波升压模拟信号测试使能
2 OFF	斩波升压测试不使能
3 ON	
3 OFF	
4 ON	制动单元 IGBT（chopper）测试使能
4 OFF	制动单元 IGBT（chopper）测试不使能
5 ON	斩波升压 IGBT 上桥臂测试不使能
5 OFF	斩波升压 IGBT 上桥臂测试使能
6 ON	
6 OFF	

续表

7 ON	
7 OFF	
8 ON	
8 OFF	

四、Freqcon 变流系统主回路功能与设计

1. 主回路拓扑

如图 2-17 所示，Freqcon1.5MW 变流器系统电机侧采用被动整流，经三路并联 Boost 回路升压后连接直流母线，网侧采用三相四线 PWM 可控整流拓扑，通过 LCL 滤波器并网。

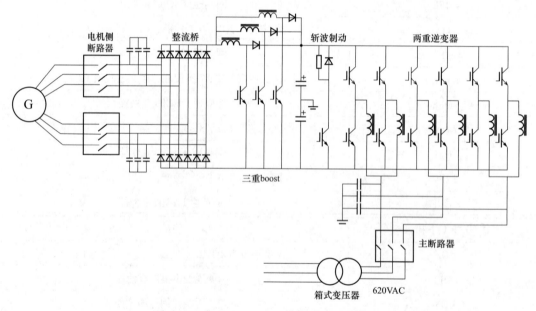

图 2-17　Freqcon 1.5MW 变流器主回路拓扑

采用上述拓扑所带来的优势：

（1）采用被动整流，电机侧电流为连续量，不是高频开关量，因此系统 du/dt 很低，接近于零。

（2）采用三相四线制，直流母线接地，因此系统由于调制造成的共模电压大大降低。

（3）被动整流 Boost 升压电路的架构使得电机侧控制简化，不需要复杂的发电机转速和磁场估计算法。

采用上述拓扑也会带来一些劣势：

（1）采用三相四线制并网逆变器，母线电压对应相电压调制，母线电压利用率较三相三线矢量调制低。

（2）电机侧采用被动整流，功率因数低，因此在实际系统中需要增加电机侧补偿电容，以提高发电机功率因数。

（3）相对于主动整流架构，被动整流模式没有提供可控的弱磁和励磁电流的能力，没有提供电动机控制模式的能力。

2.主回路拓扑功能

在确定了系统主回路拓扑结构后，则各部分功能也就基本确定。对于Freqcon 1.5MW变流器而言系统主回路主要功能划分如下：

（1）电机侧补偿电容：由于Freqcon变流器采用被动整流模式，对于发电机而言变流器系统可以近似为一个RCD非线性负载。电机侧补偿电容的功能是为了提供对非线性负载虚功的补偿，从而使发电机端功率因数近似为1（即发电机电压与电流同相位），从而提高系统利用率。

（2）被动整流单元：被动整流单元将发电机发出的交流电变化为直流电，同时整流单元还包括滤波电容，以抑制整流电压波动。

（3）Boost单元：Boost单元的功能是控制整流后Boost电流，从而控制发电机输出功率。

（4）直流母线电容：直流母线电容提供系统惰性环节，保证母线电压的平稳，为Boost电流和并网电流的控制提供基础。

（5）网侧逆变单元：网侧逆变单元控制并网电流，同时控制直流母线电压，使其保持在稳定的范围内。

（6）并网LCL滤波器：并网电流通过LCL滤波器馈入电网系统，LCL滤波器的作用在于滤除并网电流中的高频谐波，满足电网对并网电流总谐波畸变率的要求。

五、Freqcon 变流器的逻辑功能和保护

（1）主控发出ConVerter_on信号后，直流母线放电电阻断开，预充电电阻闭合，变流器开始预充电过程。正负母线电压高于420V后，网侧断路器闭合（网侧断路器闭合后，预充电电阻被短接，直流母线会进一步上升）；预充电过程完成，变流器返回ConVerter_ready信号给主控。当发电机转速达到并网转速后，主控发ConVerter_enabLe信号，变流器开始调制运行。

（2）预充电过程会进行计时，在设定时间内母线电压未上升到设定点，则表明预充电失败，变流器反馈错误信号给主控。预充电超时保护的设置是为了对系统接线错误和某些电网故障进行保护，避免上述情况下造成系统损伤。

六、正常停机逻辑

变流器在正常停机情况下仅停止IGBT调制，不会断开网侧（和电机侧）断路器和预充电电阻。这样的设置是由于框架断路器的动作次数有寿命限制，由于风速降低等原因造成的变流器正常停机时应避免断路器的动作造成器件寿命缩短。

七、故障停机逻辑

故障情况下，需要断开电机侧和网侧断路器，同时断开预充电电阻，放电电阻闭合，以隔离系统各部分，尽快泄放母线电压，起到对系统的保护作用。

八、变流器系统采样

变流器采样包括以下三类：

（1）控制量的采样：包括电网电压、IGBT电流、并网电流、正负直流母线电压、整流电压，其中电网电压、IGBT电流、正负直流母线电压、整流电压用于变流板控制和本地监控，并网电流会送到主控，用于系统监控和并网虚功控制。

（2）温度采样：包括IGBT温度、电抗器温度、IGBT柜和电容柜柜内温度，主要用于对系统运行温度的监控。

（3）逻辑量采样：包括系统断路器和继电器的反馈、风扇反馈等，用于监控系统运行状态。

九、变流器故障保护

Freqcon 1.5MW变流器的故障保护可以分为变流板本地进行的保护和主控进行的保护两类：

（1）变流板对本地快速信号进行保护，包括IGBT故障、IGBT过流、母线过压/欠压保护等，上述故障发生时变流器闭锁IGBT调制信号，同时发送变流器故障信号给主控。

（2）主控则主要进行慢速信号的保护，包括温度保护（包括IGBT温度和电抗器温度）、并网虚/实功超限故障，以及散热风扇运行故障监控等。

上述的区分主要是基于时间性的划分：对于电流、电压等快速变化的信号在本地由变流板进行保护（变流板的采样是实时的，不会由于采样周期的问题造成上述故障的扩大）；对于温度等变化速度较慢的信号，则由主控进行保护（主控对上述信号的采样周期为20ms，处理周期可能会更慢，由于上述信号的变化都较慢，并不会由于采样间隔造成系统状态的迅速恶化）。

十、变流器在对功率模块的硬件保护

Freqcon 1.5MW变流器在对功率模块的硬件保护中采用了一种较为独特的结构。

（1）在Freqcon 1.5MW变流器中，快速熔断器被安装在各个模块的正负母线连接端，而不是安装在交流网侧或电机侧。这样做的优点在于无论是功率模块内故障，或者交流侧故障造成的短路，都可以得到有效的保护，同时各个模块间的故障被有效隔离，不会由于模块间故障的传播造成系统的大面积损坏。同时，采用交流熔断器应用于直流侧，避免了采用直流熔断器造成的体积过大和成本上升。

（2）过压保护板起到多一级的母线过压保护。

第六节　机组变桨系统功能

通过本节知识内容学习，能够掌握Vensys变桨系统常用元器件的工作原理、实际工作性能参数、实现的功能。

一、Vensys 变桨系统

通过滑环将机舱柜内部的变桨通信信号、安全链24V电源信号、交流400V电源传递到桨1控制柜，再从桨1控制柜出来，将变桨通信信号、安全链24V电源信号、交流400V电源传递到桨2控制柜，再从桨2控制柜出来，将变桨通信信号、安全链24V电源信号、交流400V电源传递到桨3控制柜。当叶片顺桨时，87°接近开关会触发停止变桨，由于是电感式接近开关，当工作失效时，会触发90°限位开关停止变桨，相当于冗余保护。开桨时，桨叶触发0°接近开关，停止变桨。旋转编码器用来测量变桨角度，电磁刹车用来制动变桨电机，通过变桨减速器，间接锁定叶片。图2-18为Vensys变桨系统结构图。

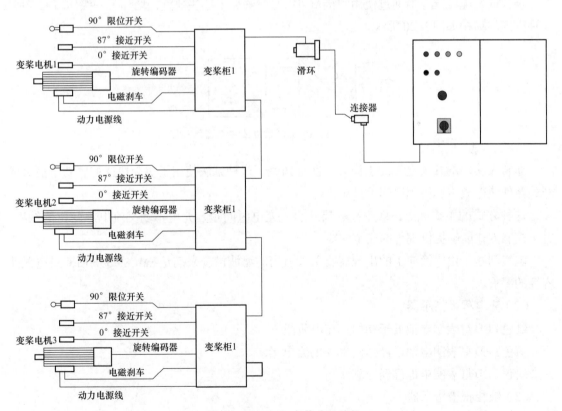

图 2-18　Vensys 变桨系统结构

二、Vensys 变桨系统常用元器件

ZIVAN品牌蓄电池充电器NG5见下文。

（1）工作原理。

蓄电池是变桨系统的重要部分，而蓄电池充电器会极大地影响电池寿命和性能。传统的不受控蓄电池充电器（整流桥）采用的是简单的直接AC/DC变换方式。这种方式的结构如图2-19所示。

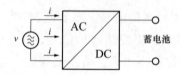

图 2-19　传统蓄电池充电器结构图

这种方式的缺点是：效率低、体积大、充电时间长、充电取决于交流电源的变化（在充电的最后阶段存在过度充电的危险）。

现代的蓄电池充电器通过使用间接AC/DC变换解决了这些缺点，增加了一级DC/DC变换。这种方式的结构如图2-20所示。

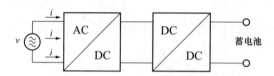

图 2-20　间接 AC/DC 蓄电池充电器结构图

通常大功率的开关电源的工作方式就是如此。这种方法使用了更为快速的、功率更大的开关器件使得成本和体积得到了最小化。

这种方式的主要优点：效率高、尺寸小、充电时间短、充电不受交流电源变化的约束、电子控制方式能够提供理想的充电曲线。

电气问题（由于换向）的出现需要引入适当的滤波措施来满足EMC89/336/EEC对电磁兼容性的要求。

（2）充电程度指示器。

红色LED灯表明电池处于初始化充电阶段。

黄色LED灯表明电池已经达到80%的充电量。

绿色LED灯表明电池已经充满。

（3）缺相报警指示器。

当交流电源发生缺相的时候，红色LED灯会亮起。这时电池充电器停止工作，充电程度指示器变成黄灯。检查交流电源和输入保险。报警信息两音调的声音信息和闪烁的LED灯提示有报警。当有报警时，蓄电池充电器停止对外输出电流（见表2-10）。

表2-10 声光报警详情表

情况	报警类型	描述（动作）
声音信息 + 红色 LED 闪烁	电池	电池未连接或者不符合要求（检查连接和额定电压情况）
声音信息 + 黄色 LED 闪烁	热传感器	充电过程中热传感器未连接或超出其工作范围（检查传感器的连接并测量电池温度）
声音信息 + 绿色 LED 闪烁	超时	第1、2阶段同时或者其一持续一段时间超过允许最大值（检查电池容量）
声音信息 + 红、黄 LED 闪烁	电池电流	失去对输出电流的控制（控制逻辑故障）
声音信息 + 红、绿 LED 闪烁	电池电压	失去对输出电压的控制（电池未连接或控制逻辑故障）
声音信息 + 黄、绿 LED 闪烁	选择	选择了不能使用的配置模式（检查选择器的位置）
声音信息 + 红、黄、绿 LED 闪烁	过热	半导体器件过热（检查风扇工作情况）

三、变桨逆变器 AC2

AC2代表了当今最为先进的技术（IMS功率模块、FLash内存、微处理器控制、CanBus）。图2-21、图2-22分别给出AC2的图片和内部结构示意图。

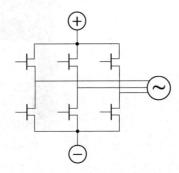

图 2-21 AC2 实物图　　　　图 2-22 内部结构示意图

1.实际工作性能参数

输入电压为48V，实际使用时由60V的直流稳压电源供电，工作频率为8kHz，输出电压为3相29V，最大电流450A，频率范围从0.6~56Hz。

2.实现的功能

驱动器共有6个外部接口，变桨系统对其使用情况如下：

（1）端口A，串行通信口，共有8个针，使用了A3（PCLTXD）、A4（NCLTXD）两个针。

输出的是驱动器内部状态信号，用于指示驱动器当前的内部故障。

（2）端口B，2个针，没有使用。

（3）端口C，4个针。CAN总线接口，没有使用。

（4）端口D，6个针。增量型编码器接口，使用了D3，D5，为旋转编码器送来的两路正交编码信号，24V。

（5）端口E，14个针。E1接入控制器送来的0~10V模拟量电压信号，此信号决定了驱动器输出电压的频率，用于调速；E2，E3两个针间串入5K的电阻；E12用来接收主控发来的手动向前变桨信号，E13用来接收主控发来的手动向后变桨信号。

（6）端口F，12个针。F1为驱动器的使能信号，此端口接入60V电压后驱动器才能工作；F4为送闸信号，此端口收到高电平后，会在端口F9（NBRAKE）输出高电平，通过继电器控制变桨电机内的电磁刹车；F5（SAFETY）和F11（-BATT）短接；F6和F12之间串入变桨电机内部的PTC，用于测量电机的温度。

3.主控制器

主控制器通过模拟/数字I/O信号来控制驱动器动作和接收驱动器状态，两者之间并没有任何通信协议。

4.端口示意图

AC2端口示意图如图2-23所示。

图2-23　AC2端口示意图

5.变桨逆变器

变桨逆变器AC2各个信号所用端口及电平信号说明如表2-11所示。

表2-11 AC2动作说明表

动作	所用端口	有效电平	说明
使能	F1	高电平（60V）	允许变频器工作
变桨速度设定	E1	0~10V	0V~5V 向90°变桨；5V 到10V 向0°变桨

动作	所用端口	有效电平	说明
松闸输入信号	E5	24V	由主控送来，通知变频器松闸
松闸输出信号	F9	0V	由变频器输出给继电器绕组，控制触点吸合，使电机松闸（不变桨时输出24V，变桨时输出0V）
手动向前变桨	E12	24V	使电机松闸，同时向0°变桨一小段距离，只识别上升沿
手动向后变桨	E13	24V	使电机松闸，同时向90°变桨一小段距离，只识别上升沿

6. AC2故障说明

逆变器AC2在工作当中，在现场没有显示面板的情况下，一些故障信息可以从模块的闪烁次数得出逆变器的运行期间出现的故障。倍福模块上的LED灯闪烁次数，代表了导致逆变器的故障原因（见表2-12）。

表2-12　　　　　　　　　　AC2故障说明表

闪烁次数	故障名称	子故障名称
1	逻辑故障 logic faiLure	看门狗动作（WATCHDOG）、EEPROM存储器故障（EEPROM KO）、逻辑故障1（LOGIC FAILURE #1）、逻辑故障2（LOGIC FAILURE #2）、逻辑故障3（LOGIC FAILURE #3）、核对需求信号（CHECK UP NEEDED）
2	启动故障 running request on start-up or error in seat sequence or doubLe direction request	启动错误 INCORRECT START、HANDBRAKE、FORW + BACK
3	相电压和直流电压故障 phase VoLtage or capacitor charge faiLure	电容充电失败（CAPACITOR CHARGE），VMN低（VMN LOW）、VMN高故障（VMN HIGH）
4	加速度故障 faiLure in acceLerator	VACC故障（VACC NOT OK），PEDAL线问题（PEDAL WIRE KO）
5	电流传感器故障 faiLure of current sensor	电流故障（STBY I HIGH）
6	接触器启动失败 faiLure of contactor driver	线圈短路（COIL SHORTED）、驱动器短路 DRIVER SHORTED、接触器故障（CONTACTOR DRIVER）、接触器没有吸合（AUX OUTPUT KO）、输出故障（CONTACTOR OPEN）

闪烁次数	故障名称	子故障名称
7	逆变器过温 excessive temperature	温度高故障（HIGH TEMPERATURE）、电机温度故障（MOTOR TEMPERATURE）、温度变化故障（THERMIC SENSOR KO）
8	CAN 总线故障 faiLure detection from can–bus	WAITING PUMP、CAN–BUS KO
长闪	电池不充电故障 discharge battery	电池电压低故障（LOW BATTERY）

故障解释说明如下文：

（1）看门狗动作。

在运行或是待机当中，逆变器自我诊断有故障，当出现故障后，看门狗动作。

（2）（EEPROM）存储器故障。

逆变器中的参数均存储在存储器当中，当寄存器故障时，将停止工作。将电源开关断电上电后，如果故障仍然存在，替换存储器；如果故障消失，存储器内的参数全部清零，变为默认值。

（3）逻辑故障1。

直流侧电压低或电压高保护动作，造成逻辑故障1有两种原因：

1）电压确实出现过低或过高情况。

2）逻辑保护板上的电压保护部分出现问题，应更换保护板。

（4）逻辑故障2。

逻辑板上的检测相电压反馈的信号丢失，应更换保护板。

（5）逻辑故障3。

逻辑板上的电流检测部分出现故障，应更换保护板。

（6）核对需求信号。

这是一个警告信号，为维护人员提供编程维护已经完成的信号。

（7）启动故障。

启动顺序错误导致启动失败，造成的可能的原因是：

1）运行微动开关故障。

2）人为操作导致启动顺序错误。

3）接线错误。

如果故障仍然存在，更换逆变器。

（8）变桨命令方向故障。

当两个信号向前和向后信号同时出现时报的故障，故障原因：

1）接线原因导致。

2）运行微动开关故障。

3）运行模式故障。

如果故障仍然存在，更换逆变器。

（9）手闸故障。

手闸打开导致此故障，可能的原因是：

1）接线错误。

2）微动开关故障。

3）人为操作导致。

如果问题仍然存在，更换逆变器。

（10）电容充电失败。

当电容器KEY开关打开后，外部电源通过10A的保险给逆变器内的电容进行充电。在规定的时间内如果逆变器内无法充满电，将报此故障。故障原因为：

1）检查充电的电抗器RES是否正常。

2）充电回路有故障。

3）电源模块有故障。

（11）VMN低和VMN高故障。

在初始化诊断和待机时完成测试，查找故障。可能的原因是：

1）电动机内部接线有问题，电机的主回路出现问题；检查电机的三相电缆是否连接正常；检查电机三相对地电阻是否正常。

2）断路器故障，更换断路器。

（12）VACC故障。

在待机的模式下检测，电压相对于故障值大于1V，会导致此故障。导致的原因可能是：

1）电位计没有校准。

2）电位计损坏。

（13）PEDAL线问题。

未诊断到加速度的信号造成加速度故障，有可能是NPOT或PPOT的信号线出现了问题。

（14）电流故障。

当待机时，检测发现电流不为0，逆变器将报故障，无法工作，导致原因：

1）电流传感器故障。

2）逻辑错误：首先更换逻辑板试一下，如果故障仍然存在，更换逆变器。

（15）主接触器警告。

1）打开KEY开关后，没有反应，替换逻辑板驱动器短路。

2）接触器故障。

3）接触器没有吸合。

（16）输出故障。

检测发现电磁刹车动作，但是并没有电机使能信号时，报次故障，更换逻辑电路板。

（17）温度高故障。

当逆变器温度到达75°，达到了设定值，将会报故障。

1）检查温度传感器。

2）热传感器损坏。

3）电路板问题。

（18）电机温度故障。

电机温度检测这一功能已经使用，并且到达了故障值，将报此故障。检查电机温度是否过高，检查温度传感器线路。如果没有问题，更换电路板。

（19）温度变化故障。

逆变器实时温度的变化，如果变化超出故障值，将报此故障。如果报出故障后，应检查传感器的接线。

（20）CAN总线故障。

如果逆变器从总线上未收到任何信号，将报此故障。首先检查线是否好坏，如果线没有问题，需要更换逻辑板。

（21）电池低故障。

如果电池检查这一项功能已经使用，检查充电水平只有10%，将报此故障。如果故障报出以后，工作电流大小将减少原值一半。

四、变桨电机

1.电机主要参数

电机种类：IM3001（3相笼型转子异步电机）；额定功率：4.5kW，1500r/min；最大转矩：75N·m；制动转矩：100N·m；额定电压：29V；额定电流：125A；额定功率因数：0.89；绝缘等级：F；转动惯量：0.0148kg·m²；防护等级：IP54。

2.变桨电机的Harting pLug X6

X6是一个10针的Harting pLug。Pin1：L1；Pin2：N；Pin3：+24V；Pin4：0V；Pin5：Pt100；Pin6：Pt100；Pin7：KTY84；Pin8：KTY84；Pin9：NC；Pin10：NC。

Pin1和Pin2为变桨电机冷却风扇M2提供电源。Pin3和Pin4为变桨电机的电磁制动提供电源。电磁制动的原理：利用通电线圈产生的磁场吸引衔铁动作，使制动轮或衔铁与制动盘相互脱离；线圈断电后在弹簧的作用下释放衔铁，使制动轮或衔铁与制动盘相互摩擦实现制动。对于Vensys变桨系统而言，在开始变桨前，要给K2线圈上电，使Y1电磁制动线圈得电松电磁制动；当需要停止变桨的时候，K2线圈掉电，使Y1线圈掉电从而报闸。

Pin7和Pin8：KTY84是硅材料温度传感器，也称IC温度传感器，其特点是温度测量范围广、体积小、反应迅速，其性能特性是根据测量范围−40~+300℃内的温度变化，电阻值大致从300~2700Ω左右基本呈线性变化（见图2-24）。

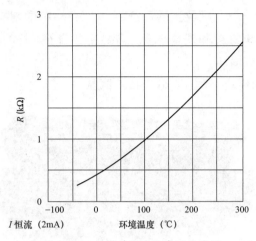

图 2-24 硅材料温度传感器曲线图

五、超级电容

电容单元的主要参数。型号：4-BMOD2600-6；额定电压：60V DC；容量：108F；可用能量：150kJ。超级电容是由4个超级电容组串联而成的，下文着重介绍超级电容组。

1.概述

电容430F，额定电压16V的超级电容能量存储模块是一个独立的能量存储设备，最多能够存储55kJ的能量。能量存储模块由6个独立的超级电容单元、激光焊接的母线连接器和一个主动的、完整的单元平衡电路组成。单元可以串联连接以获得更高的工作电压（215F，32V；143F，48V；107.5F，64V等）。并联连接提供更大的能量输出（860F，16V；1290F，16V等）或者是串联和并联的组合来获得更高的电压和更大的能量输出。当串联连接的时候，单元到单元之间的电压平衡问题可以通过双线平衡电缆来加以解决。

超级电容模块的包装是耐损耗的冲压铝外壳，外壳是永久封装的，不需要维护。3个集电极开路逻辑输出端是选购件，其中2个用于显示过压程度，另外1个用于显示过温。

2.安装

模块面板上有一个M4的螺纹通气孔。从出厂到运输过程中，用一个螺杆把这个孔塞住。这个通气孔是可选组件，当单元发生严重故障时，单元会释放电解液和气体。如果应用环境要求远程通风的话，附件中会提供一个M4的螺纹软管。拿下螺杆换上软管，把一个4mm的软管导到一个安全的地方通风。需要注意为了避免拉弧或者打火花，能量存储模块在安装过程中应该处于放电状态并断开系统电源。在运输过程中模块也要放电，所以需要测量单元的电压确保其电压最小。

为了提供尽可能低的ESR（等效串联电阻），能量存储模块没有装保险。模块能够提供55kJ的能量，峰值电流超过5000A。因此在使用时要小心以防过大电流出现。

3.输出端子接线柱

模块输出端子是铝制螺纹接线柱，可以直接把它们与环形接线片或母线直接连接，在交界面之间涂一层抗氧化混合物。螺纹正端可以装一个M8×20的钢螺杆和锁紧垫圈。螺纹负端可以装一个M10×20的钢螺杆和锁紧垫圈。需要注意端子螺杆的最大扭矩是10N·m，过大的力矩可能会对模块造成损坏。

图2-25、图2-26给出模块串联、并联连接的情况。

图 2-25　模块串联连接

图 2-26　模块并联连接

4.模块之间的平衡电缆

每个模块都提供一个模块到模块的平衡电缆。需要用模块到模块的平衡电缆来平衡串联连接的模块。当模块串联连接的时，模块平衡可以阻止电压不平衡现象的出现。注意不要把模块平衡电缆接入同一个模块的J1和J2跨接输出端（见图2-27）。

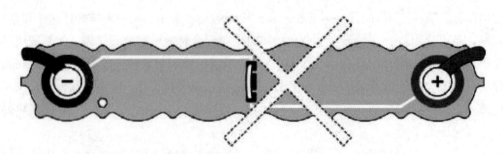

图 2-27　模块平衡电缆的错误用法

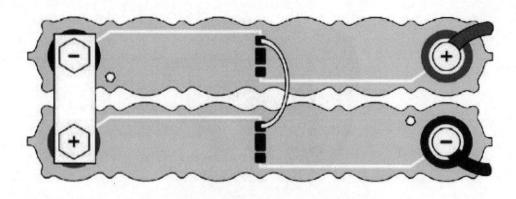

图 2-28 模块平衡电缆的正确用法

5.逻辑输出

3个集电极开路的逻辑输出是可选组件并且位于面板上标注J3的区域，它们分别是两个过压程度信号和一个过温信号。温度的输出逻辑：如果大于65℃，那么TEMP=TRUE=ON。模块额定电压为16V，超过16V时，V1或V2会输出5mA电流进行反馈。注意无论模块电压是多少，即使是0V，过温逻辑输出都正常工作。

表2-13给出了输出管脚、信号和最大电流情况。最大开路电压是5.5V DC。

表2-13　　　　　　　　　　　　输出管脚、信号和最大电流情况

输出管脚名称	输出含义	最大电流（mA）
TEMP	65℃	10
V2	17.0V	5
V1	16.5V	5
COMM	通信接口	10

6.维护

定期检查主接线端子的连接情况。在必要的时候紧固端子的螺钉。

在进行任何操作之前，确保超级电容单元储存的能量被彻底放掉。如果发生了误操作，存储的能量和电压电平有可能是致命的。

六、带 SSI 接口的多圈光学绝对编码器 GM400.Z24

1.主要特点

25位分辨率，8192个脉冲×4096圈；格雷码或二进制码输出；自诊断功能；电子清零；可选项：增量通道A，B；末端轴；不锈钢材质。图2-29为风机编码器GM400照片。

图 2-29　带 SSI 接口的多圈光学绝对编码器实物图

2.引脚情况

编码器引脚情况如表2-14所示。

表2-14　　　　　　　　　　编码器引脚情况说明

引脚号	电缆颜色	引脚含义
1	棕色	UB
2	黑色	GND
3	蓝色	PuLse+
4	米色	Data+
5	绿色	Zero
6	黄色	Data−
7	蓝紫色	PuLse−
8	棕色 / 黄色	DATAVALID
9	粉色	UP/DOWN
10	黑色 / 黄色	DATAVALID MT
11	—	—
12	—	—

3.引脚含义阐述

（1）1号UB：编码器电源。

（2）2号GND：编码器电源地。

（3）3号PuLse+：正SSI脉冲输入。PuLse+和PuLse-形成一个电流回路。在PuLse+输入端的一个大约7mA电流产生一个正逻辑的逻辑1。

（4）4号Data+：微分线路驱动器的正的、串行数据输出。输出端的高电平对应正逻辑的逻辑1。

（5）5号ZERO：置零输入，用来在任何希望清零的时候清零。清零的过程是在选择了旋转方向（UP/DOWN）后给该引脚一个高电平（脉冲持续时间大于或等于100ms）。为了最大限度地实现抗干扰，清零后需要把该引脚接地；零点通过10kΩ电阻连接到GND。

（6）6号Data-：微分线路驱动器的负的、串行数据输出。输出端的高电平对应正逻辑的逻辑0。

（7）7号PuLse-：负SSI脉冲输入。PuLse-和PuLse+形成了一个电流回路。在PuLse-输入端的一个大约7mA的电流产生一个正逻辑的逻辑0。

（8）8、10号DATAVALID DATAVALID MT：诊断输出DV和DV MT以数据字的形式跳变。例如由于LED或者感光器件导致故障发生，通过DV输出端就可以显示出来。此外多圈传感器单元的电源受到监控。一旦电源电压低于指定的电压电平，DVMT输出端就被置位。这两个输出端都是低有效的，也就是说在发生故障时被接到GND。

（9）9号UP/DOWN：计算方向。当不连接该引脚时，输入为高电平。该引脚为高电平意味着面向法兰盘看过去的时候转轴顺时针旋转。该引脚为低电平意味着面向法兰盘看过去的时候转轴在逆时针旋转。UP/DOWN通过10kΩ电阻连接到UB。

（10）11、12号没有用到。

七、滑环

1.电气特性

由于滑环是静止不动的，而刷握是旋转的，因此强电流和信号都要通过滑环传输。

2.参数情况

连接电缆芯数、种类及参数如表2-15所示。

表2-15　　　　　　　　　　编码器连接电缆参数表

电缆芯数	电流（A）	电压（V）	电缆种类	截面积（mm²）	外径（mm）
4	20	400	HeLukabeL JZ-602 4×AWG144G2，5QMM	2.5	10.1
5+屏蔽	1	24	HeLukabeL JZ-602- CY5×AWG18 5G1	1.0	10.1
2+屏蔽	0.1	10	L2-BUS 1×2×0.64Industrie HeLu No.81186	0.64	8.0

连接电缆总芯数:13;滑环侧总电缆长度(到机舱):4m;电刷侧总电缆长度(到变桨柜):2m。注意延伸至机舱的电缆必须加装保护套管,因为电缆没有固定,而是简单地穿过主轴。

3.电缆终端的连接头

电缆两端的连接头采用的是Han系列的Harting工业连接器。需要用到如下的连接头:

滑环侧电缆终端的连接头(到机舱的连接头):公头。

滑环侧电缆终端的连接头(到变桨柜):母头。

图2-30和图2-31分别给出了Harting连接器的母头和公头的示意图。

图2-30 母头

图2-31 公头

表2-16为连接头每个针的情况。

表2-16 连接头各个针介绍

上面的插头 (24V)	中间的插头	下面的插头 (400V)
1脚:继电器1,1号线	1脚:空	1脚:L1,线1
2脚:保留,4号线	2脚:空	2脚:L2,线2
3脚:保留,黄绿线	3脚:信号B(红色)	3脚:L3,线3
4脚:空	4脚:空	4脚:PEN,黄绿线
5脚:空	5脚:屏蔽层	5脚:空
6脚:继电器2,2号线	6脚:空	6脚:空
7脚:空	7脚:空	7脚:空
8脚:空	8脚:信号A(绿色)	8脚:空
9脚:安全链,3号线	9脚:空	9脚:空
10脚:空	10脚:空	10脚:空

续表

上面的插头 (24V)	中间的插头	下面的插头 (400V)
11 脚：空	11 脚：空	11 脚：空
12 脚：屏蔽层	12 脚：空	12 脚：空

八、接近开关

1. 工作原理

接近开关可以无损不接触地检测金属物体，通过一个高频的交流电磁场和目标体相互作用实现检测。接近开关的磁场是通过一个LC振荡电路产生的，其中的线圈为铁氧体磁芯线圈。采用特殊的铁氧体磁芯使得接近开关能够抗交流磁场和直流磁场的干扰。

风机上应用的接近开关为电感式常开PNP输出型接近开关。

2. 接近开关参数

接近开关参数如表2-17所示。

表2-17　　　　　　　　　　　接近开关参数

型号	Bi5-M18-AP6X-H1141/S34
额定有效距离 S_n	5mm
安装条件	埋装
可靠接通距离	$\leq (0.81 \times S_n)$ mm

第七节　通信系统

通过本节知识内容学习，能够掌握通信系统的硬件组成、硬件说明、光纤部分问题分析及解决方法。

一、硬件组成

（1）中央监控电脑：作为中央监控部分的主要监控器件，安装中央监控软件实现对风电场风力发电机的监视控制。

（2）数据服务器：安装数据库软件，主要存储中央监控前置程序采集的各风机运行数据。

（3）代理服务器：安装SCADA监控代理软件，主要负责把数据库中相关运行数据发送至远程SCADA服务器。

（4）防火墙：过滤限制代理服务器与外网的连接，只允许代理服务器与远程SCADA服务器进行数据交换。

（5）交换机：利用光纤组成风机与监控室之间的网络。

（6）PLC：控制风机运行，提供风机运行的相关数据。

（7）面板电脑：就地监视风机运行状况，安装有中央监控前置程序，负责采集PLC运行数据并传送至数据服务器。

（8）光缆：风力发电机组采用光纤通信方式与中央监控室连接，各风电场使用光缆类型根据现场情况确定。所有光缆均采用工作波长为1310nm，8芯单模光缆。图2-32为通信系统硬件组成配置图。

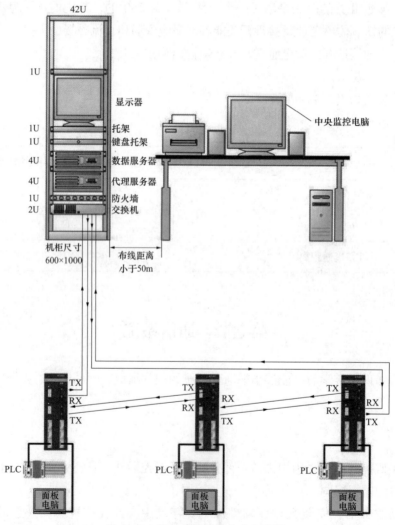

图 2-32　通信系统硬件组成配置图

二、光纤部分问题分析及解决方法

1.光传输设备组成

交换机之间是通过光传输设备将光信号进行传输的。光传输设备主要包括：光缆、尾纤、法兰。法兰是将尾纤与交换机连接在一起的设备，它本身没有光信号传输。整个光传输过程为：光纤交换机TX端口→尾纤→光缆→尾纤→光纤交换机RX端口。

2.问题诊断及处理

光传输部分出现的问题主要有尾纤熔接问题、光缆断裂问题、接头损坏问题。整个光通路测试可使用以下方法：

（1）直接测试法。

各器件连接方式如图2-33所示。

图2-33　直接测试法各器件连接方式图

利用交换机TX发射端口信号作为光源，利用光功率计作为接收端，来检测光纤线路的通断。如果线路正常，在接收端光功率计会有信号强度显示。

（2）信号测试法。

各器件连接方式如图2-34所示。

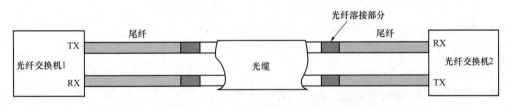

图2-34　信号测试法各器件连接方式图

利用风机间交换机做光纤线路通断测试，从而确定尾纤插接顺序。交换机上电正常运行时，当RX端检测到有信号输入时相应的RX指示灯会点亮。如图2-33所示，当交换机1的RX端检测到交换机2的TX端发送的信号时，交换机1上相应的端口指示灯会被点亮。同理，当交换机2的RX端检测到交换机1的TX端发送的信号时，交换机2上相应的端口指示灯会被点亮。只有当2台交换机之间光纤连接正确，2台交换机的RX指示灯都正常，这2台交换机之间才能进行数据传输。

第三章　机械部分

通过本章知识内容学习，能够对风力发电机组的塔架、偏航和变桨、机舱罩、叶片、润滑系统、液压系统有更深的掌握，方便以后故障处理。

第一节　塔架

通过本节知识内容学习，能够掌握塔架设计知识概述、塔架材料选择、塔架工艺及技术要求、塔架防腐等方面知识。

一、塔架设计

1.塔架设计中的基本问题

（1）动力学问题——塔架固有频率的选定。

（2）静强度问题——在极限载荷作用下的承载能力。

（3）稳定性问题——在弯矩和轴向压力作用下抗屈曲的能力。

（4）疲劳问题——在交变载荷作用下塔架的疲劳寿命。

2.塔架设计条件与结果

（1）已知条件。

叶轮叶片数、叶轮运动参数、塔架高度。

（2）设计结果。

塔架几何尺寸（直径与壁厚及其分布）、塔架各段之间的法兰联接、各种分析的结果。

3.塔架基本尺寸的确定

如果采用圆锥形塔架，塔架的基本尺寸有塔高、直径、壁厚，确定的基本原则：

（1）塔基的直径按公路运输的限高来取，对大型机组是越大越好。

（2）塔顶的直径由偏航轴承来确定，壁厚大约取直径的0.5%。

（3）中间壁厚可采用插值法，根据类比法分段确定。

（4）塔架分段：运输条件。

风力发电机的主流为悬臂钢管塔架，最简单的型式为等直径的圆柱钢管。塔架作为高耸结构，为了减轻重量，壁厚从底部到顶部逐级减少，采用锥形既可达到等刚度，也可以减轻塔架自重。

4.塔架设计中需分析内容

屈曲分析、模态分析、静强度分析、疲劳分析、法兰及螺栓连接设计。

5.塔架生产制造基本条件

塔架尺寸较大，生产车间应有足够的空间用于塔架生产，且要有较大的场地用于塔架的临时储放。

6.塔架生产的基本设备要求

（1）起重设备：起重设备应能满足整段塔架在车间内的起吊转运。

（2）数控下料设备：下料设备应有一定的切割精度，最终要能保证塔架筒节卷制的精度要求。

（3）卷板设备：应能卷制35mm以上厚度的板材（生产750塔架）；48mm以上厚度的板材（1.5MW塔架）。

（4）焊接设备：应具备焊接塔架不同部位的焊接设备（埋弧自动焊、二氧化碳气体保护焊等）。

（5）机加工设备：塔架法兰表面车削加工及钻孔设备。

7.人员及管理体系的要求

焊接操作人员技能水平；无损探伤人员资质水平；完善的质量管理体系；完善的技术管理体系。

二、材料选择

1.塔架材料的选择

塔体、门框、法兰、基础环材料选用Q345C/D/E，其各项性能指标应符合GB/T 1591—2018要求。所用原材料应有完整合格的产品出厂证明，板材炉批号标识应清晰。塔架筒体和法兰钢板必须具备质量证明书原件或加盖供材单位检验公章的有效复印件。

法兰推荐采用锻造成形，锻件质量等级符合JB 4726—2016 Ⅱ级合格，锻件100%超声波探伤按GB/T 4730.3—2005 Ⅱ级合格，锻件交货热处理状态为正火加回火。

焊接材料（焊条、焊丝、焊剂）选用应根据GB/T 5117—2012、GB/T 5118—2012、GB/T 8110—2020、GB/T 5293—2018提供合格产品。焊接材料牌号选用，应按表3-1要求选用。

表3-1　　　　　　　　　　　焊接材料选用表

钢种	牌号	焊条电弧焊		埋弧焊				气体保护焊			
		焊条牌号	焊条型号	烧结焊剂与配用焊丝		熔炼焊剂与配用焊丝		实芯焊丝	保护气体	药芯焊丝	保护气体
				烧结焊剂	配用焊丝	烧结焊剂	配用焊丝				
碳素钢	Q235A、B	J422	E4303	SJ401 SJ402 SJ403	H08A H08E	HJ431	H08A、H08MnA	ER49-1	CO₂或 CO₂+ Ar₂	E501T-1	CO₂
	Q235C、D	J426 J427	E4316 E4315					ER50-2 ER50-6 ER50-7			

续表

钢种	牌号	焊条电弧焊		埋弧焊				气体保护焊			
		焊条牌号	焊条型号	烧结焊剂与配用焊丝		熔炼焊剂与配用焊丝		实芯焊丝	保护气体	药芯焊丝	保护气体
				烧结焊剂	配用焊丝	烧结焊剂	配用焊丝				
低合金钢	Q345C	J506 J507	E5016 E5015	SJ101 SJ201 SJ301				ER50-2 ER50-6 ER50-7	CO_2 或 CO_2+ Ar_2	E501T-1	CO_2
	Q345D	J506 J507 J506H J507RH	E5016 E5015 E5016-1 E5015-G		H10Mn2 H08MnA	HJ431 HJ350	H08MnA H10Mn2			ER50-6	
	Q345E	J507RH J507TiB	E5015-G E5015-G	SJ102 SJ103	H10Mn2 H08MnA	—	—			E501T-1L E501T-5L E501T-6L	

2.标准件选择

塔架连接用螺栓均为高强度螺栓，采用达克罗（片状锌铬盐）防护涂层，产品应具备完整的质量证明书和合格证，M20以上高强度螺栓每种规格、每批次须有第三方检测机构出具的高强度螺栓机械性能检测报告，检测项目按GB/T 3098.1—2010执行。

三、工艺及技术要求

1.焊接工艺评定

塔架筒体与法兰、门框焊接前，应按JB 4708—2005《钢制压力容器焊接工艺评定》进行工艺评定。焊接工艺评定合格后应出具完备的评定文件。根据焊接工艺评定及技术要求制定焊接工艺文件，产品的施焊范围不得超出焊接工艺评定的覆盖范围。

2.塔架焊接

（1）单个筒节任意切断面圆度公差应为 $D_{max}-D_{min} \leqslant 5\%D$，如图3-1所示。

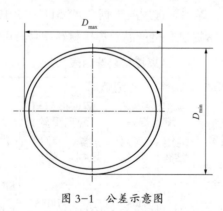

图 3-1　公差示意图

（2）筒体任意局部表面凸凹度，如图3-2、图3-3所示，偏差要求应符合表3-2要求。

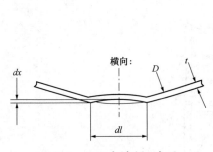

图 3-2 凸凹度横向示意图

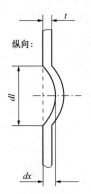

图 3-3 凸凹度纵向示意图

表 3-2 　　　　　　　　筒体任意局部表面凸凹度偏差表 　　　　　　　单位：mm

t	8	10	12	14	16	18	20	22	24	26	28	30
dl	200	300	400	500	600	600	600	600	600	600	600	600
dx	1.0	2.0	2.5	3.0	3.0	3.0	3.0	3.0	3.0	3.0	3.0	3.0

注：$t>30$mm，$dL=600$mm，$dx=3$mm。

（3）筒节对接纵向钢板的翘边误差，如图3-4所示，应符合表3-3要求。

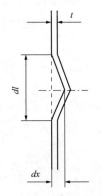

图 3-4 翘边误差示意图

表 3-3 　　　　　　　　筒节对接纵向钢板的翘边偏差表 　　　　　　　单位：mm

t	8	10	12	14	16	18	20	22	24	26	28	30
dl	200	300	400	500	600	600	600	600	600	600	600	600
dx	1.0	1.5	2.0	2.5	3.0	3.0	3.0	3.0	3.0	3.0	3.0	3.0

注：$t>30$mm，$dL=600$mm，$dx=3$mm。

（4）筒节与筒节对接均采用外边对齐，未对齐错边量偏差，如图3-5所示，偏差要求应符合表3-4要求。

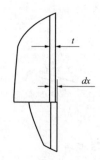

图 3-5　未对齐错边量偏差示意图

表 3-4　　　　　　　　　　　　　　　筒节对接错边量偏差表　　　　　　　　　　　　　单位：mm

t	8	10	12	14	16	18	20	22	24	26	28	30
dx	1.5	1.5	1.5	1.5	2.0	2.0	2.5	3.0	3.0	3.0	3.0	3.0

注：$t>30mm$，$dx=3mm$。

3.整段筒节两端面平行度和同轴度检测与修正

图3-6中做中心支架在$O_1（O_2）$位置分别固定找出中心孔，要求孔拴上钢卷尺（或钢琴线）。在另一端用弹簧秤拴在钢卷尺上，用相同的拉力测量并按表3-5记录A、B、C、D四个象限斜边长，其相对差值3mm以内为合格，多余应磨削修正到合格。

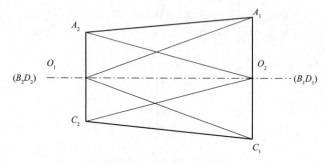

图 3-6　中心孔示意图

表 3-5　　　　　　　　　　　　　　　筒节象限斜边测量记录表

象限	O_1A_1	O_1B_1	O_1C_1	O_1D_1
O_1 面斜边长				
象限	O_2A_2	O_2B_2	O_2C_2	O_2D_2
O_2 面斜边长				

4.塔架法兰与筒体及基础环的焊接

塔架法兰与筒节焊合时，应将筒节纵焊缝置于法兰的相邻两螺栓孔之间。法兰焊接应采用充分的消除应力措施和防止法兰焊接变形措施，塔架法兰焊接前后变形应符合表3-6要求。

表3-6 塔架法兰焊接前后变形要求

参数	焊接前			焊接后		
	上法兰	中法兰	下法兰	上法兰	中法兰	下法兰
平面度	0.35	0.35	0.35	0.5	0.5	1
螺孔位置度	$\phi1$	$\phi1$	$\phi1$	$\phi2$	$\phi2$	$\phi2$
厚度公差	0+2	0+2	0+2	0+2	0+2	0+2

注：1.法兰与筒体T型焊接，测量范围为T形焊缝接头中心处宽度为20mm的环带。
2.法兰与筒体L型焊接，测量范围为法兰外边缘向内20mm的环带。

5.焊缝位置及要求

相邻筒节的纵焊缝应尽量相错180°，若因板材规格不能满足全部要求时，其相错量不得小于90°，筒节纵缝应尽量避开爬梯位置所在区域。门洞所在筒节及相邻筒节纵缝可不受此范围限制。

塔架法兰与筒节焊接时，应将筒节纵焊缝置于法兰的相邻两螺栓孔之间。若采用拼焊成形，应将筒节纵缝与法兰对接焊缝错开。塔架门框与筒体的焊接采用手弧焊或气体保护焊，焊缝全熔透。塔架门框与相邻筒节纵、环缝应相互错开，若因板材规格达不到时，筒体环焊缝必须位于门框中部直边范围内且与门框自身拼接焊缝间距不小于100mm，若门洞所在筒节为整板时，门框顶部焊缝与相邻环焊缝最小距离不得小于100mm，相邻筒节纵向焊缝与门框中心线相错不小于90°。筒体及法兰焊接采用埋弧自动焊或二氧化碳气体保护焊。塔架门框与筒体焊接应在法兰焊合后，进行焊接时必须两侧对称施焊，不允许由一边从头至尾连续施焊。门框与筒体的焊接采用手弧焊或气体保护焊，焊缝全熔透。塔架附件焊接在塔架主体完工后进行，采用手工电弧焊，附件的焊接位置不得位于塔架焊缝上。

6.焊接条件及要求

对于塔体、法兰及门框的焊接操作者，应为锅炉压力容器相应焊缝型式的持证焊工，其余焊接工作应由技能熟练的焊工担任。焊接环境温度应大于0℃（低于0℃时，应在坡口两侧100mm范围内加热到15℃以上），相对湿度小于90%。特殊情况需露天作业，出现下列情况之一时，须采取有效措施，否则不得施焊。

（1）风速：气体保护焊时大于2m/s；其他方法大于10m/s。

（2）雨雪环境。

（3）焊接环境温度小于0℃。

（4）相对湿度小于90%。

设备需作焊缝机械性能检验，在施焊塔架同时按相同要求制作筒体纵缝焊接试板，产品焊接试板的厚度范围应是所代表的工艺评定覆盖住产品厚度范围之内，如纵向焊缝的焊接工艺评定覆盖范围不同时，应分别制作焊接试板。产品焊接试板允许以批代台，10台为1个批量，每10台须选首台做产品焊接试板。产品焊接试板检验项目按JB 4744—2000《钢制压力容器产品焊接试板的力学性能检验》中的规定执行。如试板不合格，应加倍制作试板，不合格的试板代表的产品焊缝不合格，应作返修或报废。在塔体法兰及门框焊缝边缘约50mm处，打上焊工钢印，要求防腐后也能清晰观测。筒体纵缝，平板拼接及产品试件，均应设置引弧板和收弧板。焊件装配应尽量避免强行组装以防止焊缝裂纹和减少内应力。焊件的装配质量经检验合格后方许进行焊接。

　　7.焊缝检验及焊缝质量要求

　　焊缝质量应符合ISO 5817—2003B。所有对接焊缝、法兰与筒体角焊缝为全焊透焊缝，焊缝外形尺寸应符合图纸和工艺要求（见表3-7、表3-8），焊缝与母材应圆滑过渡。焊接接头的焊缝余高 h 应趋于零值。

表3-7　　　　　　　　　　平焊缝外形尺寸表

焊接方法	施焊形式	焊缝宽度 C	焊缝余高 h	焊缝边缘直线度 f[1]	宽窄差[2]	凹凸量[3]
埋弧焊	I形焊缝	b+14~20	0~3	≤ 4	≤ 4	≤ 2
	非I形焊缝	g+4~g+8				
手工电弧焊及气体保护焊	I形焊缝	b+6~10	平焊 0~3 其余 0~4	≤ 3	≤ 4	≤ 2
	非I形焊缝	g+4~g+8				

　　注：b——对接间隙，g——坡口宽度。
　　　　[1]任意连续300mm长度内。
　　　　[2]低于50mm长度内。
　　　　[3]任意25mm长度内。

表3-8　　　　　　　　　　角焊缝外形尺寸表

焊接方法	尺寸偏差	
	K<12	K>12
埋弧焊	K+40	K+50
手工电弧焊及气体保护焊	K+30	K+40

　　注：k值为角焊缝焊脚尺寸。

　　焊缝不允许有裂纹、夹渣、气孔、漏焊、烧穿、弧坑、未熔合及深度大于0.5mm的咬边。焊缝和热影响区表面不得有裂纹、气孔、夹渣、未熔合及低于焊缝高度的弧坑。熔渣、外毛刺等应清除干净。焊缝外形尺寸超出规定值时应进行修磨，允许局部补焊，返修后应合格。对于无具体要求的，按JB/T 7949—1999有关规定执行。

8.无损检测

无损检测须在焊缝外观检验合格后进行。焊缝无损检测均按承压设备无损检验标准JB/T 4730.2—2016执行。各部件焊缝均采用无损探伤检验,范围及要求见表3-9。

表3-9　　　　　　　　　　　　探伤范围及要求

检测部位	执行标准 JB/T 4730.2—2016	合格级别	探伤方法、探伤比例	
			超声波探伤	射线探伤
法兰、门框钢板原材料	第4.1.7条	Ⅱ级	100%	100%
筒体纵、环缝	第5.1.9条	Ⅰ级	100%	100%
T型接头	第5.1.3条	Ⅱ级	所有T型接头	100%
门框拼接焊缝	第5.1.9条	Ⅰ级	100%	100%
上法兰与筒体焊缝	第5.1.9条	Ⅰ级	100%	100%
中法兰与筒体焊缝	第5.1.9条	Ⅰ级	100%	100%
下法兰与筒体焊缝	第5.1.9条	Ⅰ级	100%	100%
门框与筒体焊缝	第5.1.9条	Ⅰ级	100%	100%

当焊缝需要返修时,其返修工艺应符合焊接工艺要求。焊缝同一部位的返修次数不允许超过两次,返修工艺方案应经制造单位技术总负责人批准,返修次数、返修部位和返修情况应记入质量证明资料。

四、防腐

防腐寿命不低于15年,20年内腐蚀深度不超过0.5mm。防腐表面应具备防盐蚀能力,能够在沿海长期运转。承造方必须满足条件中所列全部要求,承造方应出具设备及资质证明,材料合格证等。环氧富锌漆锌含量占不挥发成分要大于等于80%,喷涂工艺必须符合涂料说明书。非机加工面喷涂漆前采用喷砂除锈,基体表面粗糙度 Rz 为40~80μm,喷砂用压缩空气必须干燥,砂料必须有棱角,清洁干燥,特别是应无油污和可溶性盐类,磨料粒度在0.5~1.5mm之间。喷砂防锈表面达到GB 8923—2011中3.2.3条的Sa21/2级规定。喷砂后应尽快喷涂,其间隔时间愈短愈好,在晴天或不太潮湿的天气,间隔时间不能超过12h,在雨天、潮湿天气应在4h内完成。在含盐雾气氛下,间隔时间不能超过2h。常温型涂料施工环境温度范围为5~40℃,当湿度超过85%或钢板温度低于露点3℃时不能进行最终喷砂和喷漆施工。当环境温度为–10~5℃时施工必须使用冬用型涂料,施工工艺及要求必须按涂料厂家提供的施工说明进行。当环境温度低于–10℃时不允许施工。

防腐配套方案举例:

1.外表面：

（1）底漆：环氧富锌漆 17360–19830（灰红色），干膜厚度 50μm。

（2）中间漆：聚酰胺环氧漆 45880–12170（浅灰色），干膜厚度 140μm。

（3）面漆：聚氨酯面漆 55210–RAL 9016（白色），干膜厚度 50μm。

（4）干膜总厚度：240μm，外观：白色 RAL 9016。

2.内表面

（1）底漆：环氧富锌漆 17360–19830（灰红色），干膜厚度 50μm。

（2）中间漆：聚酰胺环氧漆 45200–12170（浅灰色），干膜厚度 80μm。

（3）面漆：聚氨酯面漆 55210–RAL 9016（白色），干膜厚度 40μm。

（4）干膜总厚度：170μm，外观：白色 RAL 9016。

3.标识、运输及贮存

塔架制造检验合格后，分段运输到安装现场。塔架的搬运和吊装不允许损伤防腐层，吊装索具（钢丝绳）必须采取可靠的防护措施，避免与防腐层直接接触。塔架在运输过程中应捆绑牢固，两边放置楔形垫木防止滚动；捆绑索具及垫木与塔架之间须垫放棉制缓冲物，以防运输过程中摩擦损伤防腐层，塔架两端用防雨布封堵，防止灰尘雨雪进入塔架。为了防止塔架法兰在运输过程中变形，法兰必须采用10号槽钢米字支撑固定（支撑与法兰之间，用与法兰孔相配的销钉螺栓连接）如图3-7所示。

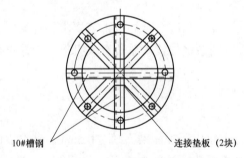

10#槽钢　　　　　　　　　　连接垫板（2块）

图 3-7　支撑固定示意图

第二节　偏航和变桨

通过本节知识内容学习，能够掌握行星减速器、偏航轴承在风机中的安装方式及作用、偏航减速器在风机中的安装方式及作用、变桨轴承在风机中的安装方式及作用、变桨减速器在风机中的安装方式及作用、轴承和减速器设计选型条件等方面知识。

一、概述

回转支承近似特大型的滚动轴承，它的应用范围很广，主要用于起重机械、工程机械、运输机械、冶金机械，以及军事装备等领域。回转支承和普通轴承一样，都有滚动体和带滚道的滚圈。但它与普通滚动轴承相比，又有很多差异，主要有以下几点：

（1）回转支撑的尺寸都比较大，其直径通常在0.4~10m，有的可以达到40m。

（2）回转支撑一般都要承受几个方面的负荷，不仅要承受轴向力、径向力，还要承受较大的倾覆力矩。

（3）回转支撑的运转速度很低，通常在10r/min，在多数场合下，回转支承不作连续回转，而仅仅在一定的角度范围内往复旋转。（1.5MW机组偏航轴承外圈旋转速度为0.07r/min，变桨轴承外圈最大旋转速度1.6r/min）

（4）回转支承的尺寸很大，不像普通轴承那样套在转轴上并安装在轴承箱内，回转支承而是采用螺栓将其紧固在上、下支座上。图3-8为回转支撑轴承。

图3-8　回转支撑轴承图

二、行星减速器概述

（1）行星齿轮减速器主要传动结构为行星轮、太阳轮和内齿圈，行星传动采用内齿轮副可以充分利用内啮合承载能力大和内齿圈内部的可容空间，使其结构紧凑、外廓尺寸小、重量轻等优点。

（2）行星传动具有大传动比的特点，适当选择行星传动的类型，可实现各种变速的复杂运动。

（3）行星传动采用数个行星轮均匀分布在内、外中心轮之间，可平衡作用在中心轮与行星轮架轴承上的惯性力，可有效提高传动效率。

（4）采用数个行星轮均匀分布在两个中心轮之间，同时用均载装置保持各行星轮间载荷均匀分布和功率均匀分流，不仅可平衡各行星轮和转臂的惯性力，而且提高了行星传动的平稳性以及抗冲击、振动的能力。

行星减速器多数是安装在步进电机和伺服电机上，用来降低转速、提升扭矩。行星传动的主要缺点是结构复杂，制造和安装精度要求较高。

三、偏航轴承在风机中的安装方式及作用

用75个M30×190-10.9螺栓将偏航轴承内圈与底座连接，用76个M30×290-10.9的螺栓将偏航轴承外圈与塔架连接。

偏航轴承是偏航驱动系统中的重要部件。偏航驱动系统在风机中的主要作用有三个：机组运行过程中使机组正确对风、维护中使机组侧风、安全解缆。偏航轴承是偏航系统中的重

要关节部件，用以支撑机舱、叶轮、发电机等整个机组上部的重量和工作载荷，不仅可以实现机舱与塔架的相互连接，同时也实现二者的相互旋转。

四、偏航减速器在风机中的安装方式及作用

偏航减速器是偏航系统中的主要零部件之一，当机舱需要对准主风向、解缆、侧风维护时，都需要启动偏航驱动系统。偏航减速器输入端与偏航电机连接，输出端与偏航轴承啮合，目的是将偏航电机的输入转速通过减速器后获得平稳的旋转速度。

五、变桨轴承在风机中的安装方式及作用

用54个M30×290-10.9螺栓将变桨轴承内圈与轮毂连接，用54个双头螺柱将变桨轴承外圈与叶片连接。

变桨轴承是变桨驱动系统中的重要部件。变桨系统在风机中的主要作用为：根据风速调整叶片的桨距来调节出力或转速。变桨轴承用以支撑整个叶轮部分的重量和工作载荷，并且将叶片和轮毂连接起来，实现叶片和轮毂的相对旋转。

六、变桨减速器在风机中的安装方式及作用

变桨减速器是安装在风机变桨系统中的主要零部件之一。当需要调整叶片桨距角时需要启动变桨驱动系统。变桨减速器输入部分与变桨电机连接，输出部分与变桨传动齿轮连接，变桨电机的输入转速通过变桨减速器，减速至叶轮变桨距速度。

七、轴承和减速器设计选型条件

1.轴承设计选型条件

风力发电机组的运行环境复杂，轴承会在不同的工况条件下运行，不同的工况，轴承所承受的载荷也不同。轴承所承受的径向力、轴向力及倾覆力矩主要来自风载、机组重力、运行离心力等的合力。同时，还有冲击载荷的作用，对偏航、变桨轴承的强度和寿命有很大的影响。因此，轴承选型时的重要条件包括：极限载荷、疲劳载荷、轴承几何参数。

2.减速器设计选型条件

（1）偏航减速器的设计应充分考虑风机运行的实际工况。偏航减速器通过螺栓连接固定安装在底座法兰上并与偏航轴承外圈相啮合，偏航轴承内圈旋转带动整个机舱旋转，受风速、风向变化影响，偏航减速器会随机组晃动。

（2）变桨减速器设计应充分考虑风机运行的实际工况。变桨减速器的主要零部件应具有足够的强度，能够承受不同工况下的静态载荷。变桨减速器的动态载荷主要取决于叶片的一些特性、驱动链的重量、刚度、阻尼值，以及运行过程中作用在机组上的一些外部条件。

同时两种减速器都会受到冲击载荷的作用，例如：电机启动和停止的瞬间冲击载荷等。还要考虑到连接的几何外形尺寸限制及其他的特殊要求，主要有以下几点：极限载荷；疲劳载荷；几何、技术参数；其他相关条件：传动精度、振动、防腐、润滑等。

第三节 机舱罩

通过本节知识内容学习，能够掌握机舱罩设计要求、材料性能要求和加工工艺要求等方面知识。

一、设计要求

机组机舱罩根据是根据风区的特点设计加工的。考虑到风力发电机的运行特点：风力发电机组一般处在比较恶劣的环境，受到的载荷可能有风、雨水，冰雪等。某型号1.5MW风力发电机组的机舱罩根据机组特点采用球形结构如图3-9所示，这种结构相对而言具有体积小，容积大的特点。

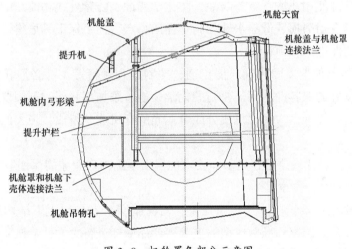

图 3-9 机舱罩各部分示意图

机舱罩组件如图3-9所示，包括：机舱天窗、机舱盖、提升机、提升机护栏、吊物孔、机舱下壳体、机舱上壳体接脂盘、机舱盖与机舱上壳体连接法兰、上下壳体连接法兰、上壳体内弓形梁等。

1.5MW机舱罩天窗采用船用天窗。天窗用透明玻璃钢，合页带有一定阻尼，整个天窗具有透光，具有保密性好、开合方便、天窗打开后无须固定等特点。

机舱上壳体通过连接法兰与机舱盖相连接。机舱盖上固定有提升机底座，用来固定提升机。机舱上壳体分左右两半，两部分完全对称。机舱上壳体左右部分各有弓形梁，用来加强机舱的强度。机舱下壳体同样分左右两部分，成对称分布。下壳体在内有接脂盘，用来接偏航轴承大齿圈润滑的废弃润滑脂。吊物孔是提升机提升工具等的通道，在使用时要按照提升机使用要求进行，并注意安全等事项。

机舱罩在设计时考虑到的载荷有：风载荷、雨雪载荷等，并对各种载荷做计算，充分满足现场恶劣条件的要求。

二、材料性能要求和加工工艺要求

机舱罩具有防雨防尘、防盐蚀功能，用以保护风机机舱内部结构和零部件。

机舱罩采用FRP板成型，连接固定在底座上，具有质轻、牢固可靠，具备抵抗70m/s强风等特点。根据机组设计要求，机舱罩玻璃钢件的设计寿命不少于20年。

1. FRP简介

FRP（Fibre-reinforced pLastics，玻璃纤维增强塑料）是不同材料组成的复合材料，由纤维状增强材料填充、不可逆转反应树脂混合而成，又称玻璃钢。

反应树脂是一种混合物，包括反应型树脂、固化剂和其他添加剂等。根据不同的使用目的，不同的增强纤维材料可以制成不同的增强产品。由同种材料组成的同类型增强产品和由不同材料组成的异型增强产品。

加工完成的玻璃钢产品，在材料外表面涂覆一层胶衣树脂，用以保护铺层结构不受外部破坏及影响。在外部使用环境下具备防潮、防化学腐蚀、防紫外线功能，能够应用于海上及工业腐蚀环境，具有耐磨损、低吸水性和高弹性的特点。为了保证其最终性能，玻璃钢只允许加入一定比例的促进剂和颜料。

所有树脂里的添加剂（固化剂、催化剂、抑制剂和颜料等）都必须和树脂相融，它们之间也应该保证良好的兼容性，保证树脂的化学性能。添加剂和促进剂等要严格按照要求进行。颜料应该具备防侵蚀性，由无机成分或者亚光的有机成分组成，最大的添加比例不能超过的指导数据。

FRP制造温度要求比较严格，必须在要求的温度范围内作业才能保证最终产品性能。

2.机舱罩的材料性能要求

机舱罩材料选用玻璃钢。罩体树脂含量：富树脂层在70%以上，结构层为55%。加工完成后的产品需要按照国家标准对成型的玻璃钢产品取样进行力学性能试验，保证满足使用要求。进行检验的要求有冲击强度、弯曲强度、拉伸强度、固化度等。

（1）冲击强度：玻璃纤维增强聚酯玻璃钢满足的冲击强度为大于或等于$200kJ/m^2$，冲击强度试验符合GB/T 1451—2005要求。

（2）弯曲强度：玻璃纤维增强聚酯玻璃钢满足的弯曲强度为大于或等于180MPa，弯曲弹性模量大于或等于1.00×10^4。弯曲强度、弯曲弹性模量试验符合GB/T 1449—2005要求。

（3）拉伸强度：玻璃纤维增强聚酯玻璃钢满足的拉伸强度为大于或等于150MPa，拉伸性能试验符合GB/T 1447—2005要求。

（4）固化度：固化度试验符合GB/T 2576—2005要求，聚酯玻璃钢的固化度大于或等于80%为合格；环氧树脂玻璃钢的固化度大于或等于90%。

（5）巴氏硬度：聚酯玻璃钢巴氏硬度大于或等于35，巴氏硬度试验符合GB/T 3854—2005要求。

（6）机舱罩和导流罩阻燃性能：玻璃钢的氧指数不低于28。

（7）热变形温度：机舱罩所用玻璃纤维增强塑料热变形温度大于或等于70℃。

对加工成型的玻璃钢产品取样进行板块试验，提供耐候性能试验报告，报告中包括紫外线照射试验、蒸汽浴、循环老化等内容，满足风电现场使用要求。

机舱罩外表面所用胶衣的力学性能指标：包括拉伸强度、拉伸模量、弯曲强度、弯曲弹性模量、断裂延伸率、热变形温度、巴氏硬度等，都必须做相关试验，以满足机组运行条件要求。

3.机舱罩的加工要求

机舱罩加工车间要求是闭合空间，具备加热功能，有通气和排风装置，工具温度16~25℃，环境湿度20%~75%。并且要满足层铺树脂和黏合剂制造商提出的工作环境温度要求。

在加工车间要使用温度计和湿度计来随时监测环境温度及湿度，保证满足机舱罩材料加工环境要求。车间的排气和通风装置不能影响材料的性能、影响层铺过程中的融合性等。

机舱罩玻璃钢糊制过程中应防止气泡的产生并做检查，消除气泡，并保证加工后的产品外表面色泽一致，表面光滑。

加工过程对模具也提出了较高的要求。每做出50套成品应对模具进行检验，对于缺陷位置进行修补。对于做出300套成品的模具，如有大的缺陷以及错位应报废处理。

起模过程中，避免对产品有创伤、划痕等，保证支垫到位。模具使用后注意保养，上蜡、抛光液、脱膜剂等必要的工序。

机舱罩安装完毕后外观平整光滑、无划痕、错边等现象。目视和敲击方法检查玻璃制品内外，发现有气泡、分层等缺陷及时处理，保证产品质量。机舱罩边缘整齐、厚度均匀、无分层、切割加工断面应加封树脂。

第四节　叶片

通过本节知识内容学习，能够掌握叶片翼型、叶片的弦长、扭角、旋转方向和朝向、风机功率曲线、纤维材料、叶片制造、叶片试验与防雷等方面知识。

一、翼型

翼型（airfoiL）或称翼剖面，是指机翼、风帆、螺旋桨、直升机转子、涡轮的横截面形状，翼型可以把平行方向的动能转为升力。对于风力发电机来说，翼型把风能转换为在旋转平面内的扭矩，以提供发电机动力产生电能。

翼型对风机性能是有较大影响的，好的风力发电机翼型不仅要求具有较高的升阻比，而且需要翼型对于前缘粗糙度具有较低的敏感性。因为风机叶片的实际运行中，叶片非常容易被污染。污染后的翼型性能会有明显的下降。特别是位于前缘的附着污染会极大地降低叶片的性能，因此会使用前缘保护带对于前缘进行防护（见图3-10）。

（1）弦线：连接翼型前缘和后缘的线段。

（2）相对厚度：最大厚度/弦线长度。

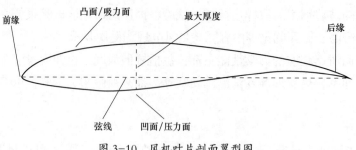

图 3-10　风机叶片剖面翼型图

二、失速

在空气动力学中，失速是指翼型攻角增加到一定程度（达到临界值）时，翼型所产生的升力突然减小的一种状态。翼型气动迎角超过该临界值之前，翼型的升力是随迎角增加而递增的；但是迎角超过该临界值后，翼型的升力将削减。

导致失速的主要原因是气流沿翼型的附面层发生了分离。利用失速现象，可以控制风机的功率。

三、叶片的弦长、扭角、旋转方向和朝向

叶片在正常运行的时候，凹面/吸力面是迎风的，而凸面/压力面是背风的。同时从后缘到前缘的方向大致与叶片旋转的方向相同。

为了满足气动性能和结构的双重要求，叶片在尖部采用升阻比大、相对厚度较小的翼型。在根部主要考虑到提高结构的抗弯惯性矩，因此才有相对厚度较大的翼型。相对厚度较大的翼型，厚度较小翼型的气动性能是有所下降的。

由于叶片运行时，每个切面上由于旋转造成的线速度都是不一样的，因此叶片要有适度的扭转，也就是叶片每个截面的弦线都不在同一个平面上。一般选择距离根部某个长度的截面的扭转角度为0deg，扭转角的正负号规定如下：

当扭转使得截面（翼型）前缘朝着来流方向运动时，为正；当扭转使得截面（翼型）后缘朝着来流方向运动时，为负。对于失速型风机来说，安装角的度量就是叶轮旋转平面与叶片的0deg扭转截面（翼型）的夹角，其正负号与上述规定一致。

四、功率曲线

功率曲线（power curve）就是功率与风速的关系。

变速变桨风机的控制比较复杂，在低风速阶段获得最大的 Cp 值是主要目的。对于叶轮来说，当叶尖速比为一定值时，同时选择最佳的变桨角度时，Cp 最大，这个叶尖速比称之为最佳叶尖速比。由于在低风速追求最佳叶尖速比，因此随着风速的增加，叶轮的转速与风速之间呈线性关系增长。这种增长可能被两种因素停止，一种是功率到达额定功率，此时进行变桨控制以限制功率。或者是由于叶轮直径较大，在没有达到额定功率的时候，叶尖的线速度就达到限制（一般是80m/s），此时叶轮的转速无法增加，因此随着风速的进一步增加，

叶尖速比直接减小，Cp 值也减小。但是由于风能与风速 3 次方的关系，功率还是增加的，直到增加到额定功率为止。实际的运行过程中，风的方向和速度在时间和空间上都是高度变化的，因此在额定点附近实际上是变速变桨的联合控制。

影响风机实际功率曲线的因素是非常复杂的，复杂到其中大部分因素至今也没有明确的解释和说法。

五、纤维材料

玻璃纤维（gLass fiber）是 1.5MW 风机目前在叶片上采用的纤维，由于价格原因使得 E 型玻璃纤维是首先被采用的玻璃纤维。

E 型玻璃纤维即无碱玻璃，成分是铝硼硅酸盐，在航空工业上主要用于有透雷达波要求的雷达罩或非承载部件；在航天工业上用于洲际导弹的烧蚀性导流罩（见图 3–11）。

随着叶片的大型化，S 型玻璃纤维也在被使用。S 型玻璃纤维即高强玻璃纤维，成分是硅酸铝—镁盐。

碳纤维（Carbon fiber）的模量和强度更高，但是价格比较昂贵，加之断裂应变较低，目前只用于叶片纵向加强件，且往往和玻璃纤维进行混杂设计。

图 3–11　玻璃纤维平纹布

六、叶片制造

叶片的制造工艺按照成型方法，可以分为手糊成型（Hand Layup）、真空辅助树脂转移成型（VRTM，Vacuum Assisted Resin Transfer MoLding 或 Infusion）和预浸料成型。

1.手糊成型

传统的手糊成型指的是手工作业把玻璃纤维织物和树脂交替铺在模具上，然后固化成型的工艺（见图 3–12），其优点是：

（1）成型不受产品尺寸和形状限制，适宜尺寸大、批量小、形状复杂的产品生产。

（2）设备简单、投资少、见效快。

（3）工艺简单、生产技术易掌握，只需经过短期培训即可进行生产。

（4）易于满足产品设计需要，可在产品不同部位任意增补增强材料。

手糊成型：缺点主要是：

（1）生产效率低、速度慢、生产周期长、不宜大批量生产。

（2）产品质量不易控制，性能稳定性不高，产品力学性能较低。

（3）生产环境差、气味大、加工时粉尘多，易对施工人员造成伤害。

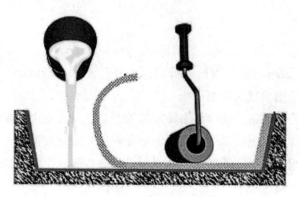

图 3-12　手糊工艺示意图

手糊成型工艺在MW级叶片上已经显得不合适，除了环境保护的考虑，无法控制固化时间是重要的因素。特别是对于叶片根部，由于其铺层非常厚，手糊成型不仅无法控制固化时间，而且无法保证纤维被充分浸润。因此，在兆瓦级叶片上使用手糊工艺已经非常少见。

2. 真空辅助树脂转移成型

VRTM的工艺主要技术特点是将纤维放置于模具中，闭合模具以真空辅助在闭腔中注入树脂，浸润铺层后经固化后形成结构件（见图3-13），其优点是：

（1）适用于各种铺覆形式的复杂结构件。

（2）结构件的整体性较好，质量较稳定。

（3）可以采用低成本的纤维/树脂体系。

（4）改善了劳动强度与环境条件。

（5）成本低于预浸料。

（6）复合材料的设计许用值大于手糊工艺。

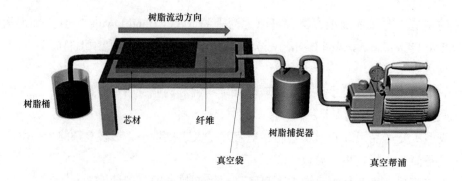

图 3-13　真空辅助树脂转移成形示意图

3.预浸料成型

预浸料与VRTM类似，但是使用的纤维布已经经过树脂的浸渍并烘干，突出的优点是：

（1）复合材料的设计许用值较高。

（2）结构件质量稳定性非常好。

预浸料成型方式的问题主要是预浸料使用的树脂本身的价格较高，而且目前叶片成型绝大多数采用二次成型。使用预浸料在第二次成型中，表面黏接活性明显下降，需要使用更好、更贵的结构胶。

按照成型次数，预浸料成型可以分为一次成型和二次成型。一次成型即共固化成型，是指通过一次固化，完成叶片的成型。一次成型的优点是结构的完整性非常好，并可以保证前缘的精度。但是由于需要设计较为复杂的模具系统，因此成本较高。

二次成型是上蒙皮、下蒙皮、纵向加强件和局部加强件分别单独固化成型，然后合拢再次固化成型为叶片。为了解决根部大厚度蒙皮的固化问题，也可以把根部单独作为一个部件，然后根部、上蒙皮、下蒙皮、纵向加强件和局部加强件进行合拢固化。

七、叶片的试验

围绕叶片有许多试验要做，为了得到可靠的材料性能，需要进行材料试验。为了得到翼型的性能，需要进行风洞吹风试验等等。下文仅仅列出了所要进行试验的一部分。

关于叶片材料的试验（材料的弹性模量、拉伸强度等），目前的测试规范主要依据于ASTM（美国标准）和DIN（德国标准）。此外，按照叶片设计的要求，叶片的重要部件，如螺栓、根部连接等等，也要进行单独的测试。

1.静载荷试验

静载荷测试叶片能否承受极限载荷，在静载荷试验中，叶尖的最大扰度可以达到叶片长度的20%甚至更高。对于某1.5MW风机所用的40.3m叶片来说，叶尖的变形量可以达到8m。

2.频率

测试叶片的频率（挥舞频率、摆振频率和扭转频率），与计算结果进行比较，验证计算结果的准确性。

3.疲劳载荷试验

疲劳载荷试验叶片能否承受疲劳载荷，试验时间在4~6月，甚至更长。关于疲劳试验，由于载荷本身的复杂特性，有许多不同的主张。所谓"丹麦派"主张使用简化的等幅谱进行试验，利用偏心轮在挥舞和摆振两个方向上分别进行试验的；荷兰的WMC和美国的NREL均采用液压装置，液压加载装置可以在挥舞和摆振方向上同时施加载荷。

4.雷击试验

雷击试验测试叶片的防雷系统的有效性。

5.其他试验

以上的测试基本上可以被视为是对于叶片本身的测试，实际的叶片装机后，还要进行功率曲线测试、噪声测试、载荷测试等试验。

八、防雷

目前常见叶尖防雷装置如图3-14所示，左侧的是全铝合金叶尖，右侧是接闪器。铝合金叶尖由于采用压铸技术降低空腔率（空腔率高的话，电阻大雷击会让铝合金叶尖"炸开花"），所以价格较高。叶尖的防雷装置还要通过导线连接到轮毂上，以便把电流传导到轮毂上（轮毂再向大地传导）。在导线上还要有雷电记录卡记录电流峰值。

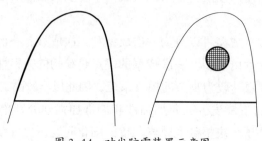

图 3-14　叶尖防雷装置示意图

按照规范的要求（IEC），大型叶片的中部也要设置接闪器（见图3-15）。1.5MW风机及以上容量的叶片，在叶片中部已经有接闪器。

图 3-15　叶尖接闪器

第五节　润滑系统

通过本节知识内容学习，能够掌握机组润滑系统技术要求、润滑系统组成、主要部件要求等方面知识。

500kW机组润滑系统由三部分组成：偏航轴承润滑系统、发电机前后轴承润滑系统、变桨轴承润滑系统。各系统分别对偏航轴承及其轴承外齿面，发电机转子前后轴承，变桨轴承进行自动润滑或手动润滑。

一、500kW 系列机组润滑系统技术要求

1.一般要求

（1）润滑系统的设计、制造应充分考虑到：

1）风力发电机组润滑系统是在温度 −30~50℃、相对湿度小于或等于95%、海拔小于或

等于2000m的工况下运行，但极限环境温度有可能达到-40~60℃。

2）润滑泵安装形式。偏航轴承以及偏航轴承外齿面润滑：润滑泵安装在机舱内平台润滑站支架上，并用螺栓与其固定；泵体始终保持竖直；发电机前后轴承润滑：润滑泵安装在与发电机转子相连的导流罩支架上，并用螺栓与其固定。泵体随发电机转子一起旋转，旋转速度：0~19r/min；变桨轴承润滑：润滑泵安装在与发电机转子相连的导流罩支架上，并用螺栓与其固定。泵体随发电机转子一起旋转，旋转速度：0~19r/min。

3）润滑系统应考虑在机组运行过程中受到振动的影响，如机舱在强烈阵风、湍流风等工况下产生无规律、频率振幅不等的振动以及润滑系统自身运行过程中产生的冲击和振动等，还应考虑润滑系统泵体随发电机转子一起旋转时产生对润滑系统的影响。

（2）使用油脂：在-30~50℃工作范围内，推荐使用不同品牌的符合NLGI 2级以及NLGI 2级以下的油脂或40mm²/s（CST）以上矿物油，不允许使用具有水溶性的钠基润滑脂。所用的润滑剂须干净无杂质，且在使用时间内不发生黏度变化。

（3）润滑系统应具有较高的抗盐蚀能力，能够在空气湿度、盐分较大的地区运行，同时也能够在风沙大的地区持续运行。

（4）润滑系统满足20年使用寿命要求。

2. 技术要求

机组系统需采用递进式润滑系统。在对所有轴承及偏航轴承齿面进行供油润滑时，润滑泵电机启动、带动润滑泵工作，将油箱中的油脂通过泵单元、一次分配高压软管、分配器、二次分配高压软管、最后通过轴承注油点供给轴承。

偏航轴承润滑要求：风力发电机组偏航轴承为四点接触球轴承，轴承节圆直径：ϕ2355mm。轴承数量：1个。

1）轴承年注油量为1kg/轴承≈1.12L/轴承。通过四个注油点注入，要求每点供油量一致。

2）注油口螺纹规格：内螺纹M10×1。

3）润滑脂：fuchs gLeitmo 585k，NLGI 2。

4）泵站工作电压：24V/DC。

5）泵站控制方式：由风力发电机组主控PLC控制。

6）油箱容积：4L或8L。

偏航轴承外圈齿面润滑要求：偏航轴承外圈是一模数为18、齿数为143、齿面宽度为121mm的开式齿轮。润滑时主要通过与其啮合的润滑小齿轮（又称毛毡齿轮）将油脂供给开式齿轮的外齿面上进行润滑。

1）润滑脂：fuchs gLeitmo 585k，NLGI 2。

2）年要求润滑油量：2kg≈2.24L，齿面润滑与偏航轴承润滑各单独使用一个泵芯，油量分配时需兼顾两者。

3. 清洁度

泵站所使用元件应保持清洁，各元件的清洁度指标应符合JB/T 7858—2006标准所规定轴向柱塞泵的清洁度指标。

4.噪声技术要求

系统的设计应考虑采取降低噪声的措施、系统工作噪声应不超过55dB。采用普通声级计在泵四面距离1m处测量噪声值。

5.其他要求

（1）润滑系统需在管路上带有过压保护功能的安全溢流阀。整个系统润滑中，若分配器出现堵塞使得系统压力达到35MPa时，安全溢流阀作为保护，开启卸压。同时要求油液必须溢流回油箱，不允许外泄。安全溢流阀在溢流时须有信号指示。

（2）若润滑系统出现堵塞，分配器应有一动作循环检测装置，当检测装置检测不到柱塞的运动时，通过控制系统发出故障信号或检测装置指示出故障状态。

（3）润滑系统油箱须带有高、低油位报警功能，以实现对润滑油油位的监控。

（4）泵站带有故障检测报警指示系统。每个项目需配备两套便携加脂设备，以方便现场维护。润滑系统设计需考虑到相关设备的润滑及接口要求。

6.主要部件要求

（1）润滑泵。

1）润滑泵的最大工作压力应能够达到35MPa，其误差不能大于±10%。同时要求泵单元能够在35MPa压力下工作30min。

2）每个泵单元必须配备一个安全溢流阀予以保护。

（2）油箱。

1）油箱应该设有通气孔。通气孔应能防止杂质进入，同时也不允许润滑脂从此处溢出。

2）油箱应透明，能够直接观察到油脂量。

3）油箱应便于将油脂全部排出，进行人工清理。

（3）分配器。

1）在2~35MPa的压力范围内分配器应能正常工作。

2）分配器每个出油孔每次的排油量误差不应超过10%。

3）分配器每个出油孔必须安装单向阀，防止润滑脂回流影响分配器正常工作。

（4）管路及管路辅件。

1）连接泵单元与分配器，分配器与分配器，分配器与润滑点之间高压分配软管要求20℃时最小爆破压力60MPa。在规定的最小爆破压力下管路不得出现泄漏、破裂现象。

2）管线、接头等连接件要满足系统最大工作压力35MPa的要求。在工作压力范围内，系统各部分和结合部位不得有渗漏，泄漏和其他失效异常现象。管线接头要求采用卡套式接头，不允许使用快插式接头。

3）所有润滑管路能够在−30~50℃范围内正常工作，能够在−40~60℃环境条件下生存。润滑软管−40℃时在最小弯曲半径下弯曲时不得有表面的龟裂或渗漏现象。

4）管路产品出厂前必须进行清洁，清洁符合要求后，将管路两端头封堵避免运输污染。管路产品其内部清洁度指标应符合JB/T 7858—2006标准所规定的内径为5mm软管总成的清洁度要求，残留污染物质量不大于1.57mg/m。

（5）安全溢流阀。

安全溢流阀的动作需灵敏、响应快、无卡滞现象，能够在设定溢流压力下可靠工作。安全阀溢流工作压力依据系统整体设计选择，溢流压力范围35MPa。

（6）密封件。

1）在工作压力、工作温度范围内应具有良好的密封性能。

2）密封件应与它相接触的油脂、邻近的材料及其在工作条件和环境条件下相容。

3）耐磨性好、不易老化、工作寿命长、耐低温。

（7）紧固件。

液压系统使用的紧固件均要求采用不锈钢材料或表面达克罗处理，以增强防腐效果。性能等级需满足系统设计要求。紧固件的拧紧力矩值应符合设计规定，同时将拧紧力矩值标注在产品外形图上。

7.功能试验

（1）检测泵是否工作正常。应进行运行性能、外密封、内密封、给油量、油位控制等试验以及刮油板、表面涂装、清洁度等检查。润滑泵要通过如下测试：

1）防振测试：在加注油脂的情况下经过30h振动实验，在频率为30Hz，加速度为10g的测试条件下不能损坏。

2）温度测试：-40~80℃，120℃测试20min。

3）防潮测试：在泵运转时经历例如喷雾实验30h。

4）润滑泵连接安全溢流阀、压力表，工作压力调整到35MPa。运行30min，要求润滑泵在35MPa工作压力下无零件损坏异常现象，同时要求各连接处不得有渗漏。

5）润滑泵连接安全溢流阀、压力表，工作压力调整到35MPa。运行10~15min，当压力达到35MPa安全溢流阀应能够开启泄压。

6）检测润滑泵高、低油位开关，在规定最高、最低极限油位处应能够正确报警。

通过以上测试，润滑泵应工作正常，满足产品说明书技术要求及各项指标。

（2）检测分配器是否动作灵活、反应灵敏。应进行压力、密封性、给油量等试验及清洁度检查。分配器要通过如下测试：

1）温度测试：-40~100℃，120℃测试20min。

2）压力测试：测试用油采用40 mm²/s（CST）矿物油，分配器的初始启动压力应小于3.5MPa，10s后的工作压力应小于3MPa。

3）泄漏测试：堵塞分配器左侧最后一个出油口，在25~30MPa的测试压力下，观察分配器各处要求无泄漏发生。

4）检查分配器工作检测装置要求发信正常。

通过以上测试，分配器均应工作正常，满足产品说明书技术要求及各项指标。

（3）进行整个系统的耐压试验、密封性试验。试验压力为工作压力的1.5倍。试验压力应逐级升高，每升高一级，宜稳压2~3min。达到试验压力后，切断电源，保持压力30min，然后降至工作压力，检查系统各密封面、接合面有无油脂渗漏及管路压降情况，管道是否产生永久变形等。

（4）外观检查。要求整套系统无变形、伤痕、破损等。

（5）集中润滑系统在风机上全部安装完毕后，必须按如下步骤进行人工测试。

1）将油箱注满油脂，使全部管路、分配器中充满油脂，然后人工启动润滑系统进入工作状态，5 min以内各润滑点均应按要求出油。

2）人工启动润滑系统进入工作状态，使润滑泵每次连续工作时间不少于所设定的每个工作循环中集中润滑时间的2倍，经过2次以上启动运转后检查，系统各部位应无泄漏、无渗漏、无故障，确认整个系统工作正常后方可投入使用。

8.润滑系统组成

1500kW机组采用的是QUICKLUB型号集中润滑系统，其组成为润滑泵、油分配器、润滑小齿轮、润滑管路。

（1）润滑泵。

QUICKLUB型号集中润滑泵是一种小型的多点泵，其组成如图3-16所示。

图 3-16   润滑泵详细图解

1—油脂箱；2—泵芯；3—安全阀；4—应急加油油嘴；5—电气接线插头 2A1；
6—补油油嘴；7—控制面板；8—电气接线插头 1A1；9—回油管线接头

（2）工作原理。

1）电机驱动偏心轮，偏心轮带动柱塞运动。

2）柱塞从油箱内吸入润滑剂，并通过分配阀输送到各润滑点。

（3）安全阀。

每一个泵芯必须配备一个安全阀予以保护。安全阀的主要作用：

1）限制系统压力：当压力达25MPa或35MPa时安全阀开启卸压，其设定压力由具体型号而定。

2）若有润滑剂从安全阀处溢出，则说明系统有故障。

9.润滑系统的检查与维护

通过手动按钮启动附加润滑循环，可检查系统的运行是否正常。一旦附加润滑循环启动后，泵开始运转向各润滑点打油。

（1）检查润滑管路有无漏油现象。

（2）检查润滑点处有无油脂溢出。

（3）检查控制元件设定的运行时间和间隔时间是否正常。参见相应控制元件的操作说明。若有必要根据应用需要重新设定间隔时间或监控时间。

加脂机基本上所需要的维护作业仅仅是定期往油箱内补充润滑剂，但要求定期检查润滑剂是否被真正地分配到各润滑点。另外，也需检查润滑管路是否有破损。在集中润滑系统操作当中，特别应注意保证润滑剂的清洁。若润滑剂中有杂质或异物，则会产生系统堵塞等故障。在系统清洁时，需采用汽油或轻质溶剂汽油作为清洁剂；不得采用全氯乙醚、三氯乙醚或类似溶剂作为清洁剂；也不得采用极性有机溶剂作为清洁剂，如酒精、甲醇、丙酮和类似溶剂。

第六节　液压系统

通过本节知识内容学习，能够掌握液压系统一般要求、设计参数、功能要求、主要部件要求、防腐要求、液压站部件介绍、主要零部件工作原理及参数要求等方面知识。

液压系统为风力发电机组偏航制动器、发电转子制动器提供液压动力。在风机偏航时释放偏航制动器并保持一定的阻尼，偏航结束时实现偏航制动器制动。控制发电机转子制动器的制动和释放。

一、一般要求

（1）液压系统的设计、制造应充分考虑到：

1）风力发电机组液压系统是在温度 –30~50℃、相对湿度小于或等于95%、海拔小于或等于2000m 的工况下运行，但极限环境温度有可能达到 –40~60℃。

2）液压站安装型式：液压站通过接油盘柔性安装在机舱内平台支架上，并用螺栓与其固定。

3）液压系统应考虑在机组运行过程中受到振动的影响，如机舱在强烈阵风、湍流风等工况下产生无规律、频率振幅不等的振动以及液压系统自身运行过程中产生的冲击和振动等。

（2）系统设计和制造应符合标准 JB/T 10427—2004、GB/T 3766—2001 的规定。

（3）液压系统应具有较高的抗盐蚀能力，能够在空气湿度、盐分较大的地区运行，同时也能够在风沙大的地区持续运行。

（4）液压系统使用的液压油类型：TeLLus T32，EQUIVIS XV 32，液压系统中各元器件应考虑到与液压油的相适应性。

（5）系统需满足 20 年使用寿命要求。

（6）所有质量超过 15kg 的元件，零部件必须能够方便地起吊或设置起吊装置。整个系统也应设计安全可靠的吊钩。

二、设计参数

（1）系统最大压力：20MPa。

（2）系统工作压力：P_{min}=14MPa；P_{max}=16MPa。

（3）偏航制动器工作压力：P_{min}=14MPa；P_{max}=16MPa。

（4）偏航余压：2.4MPa（可调）。

（5）发电机转子制动器工作压力：P_{min}=14MPa；P_{max}=16MPa。

三、功能要求

1.工作要求

（1）偏航制动器制动与释放。

风力发电机组偏航制动系统共由10组卡钳式制动器串联组成，制动器在进油时实现对偏航刹车盘的制动，泄压时实现对风机的偏航和解缆。

1）偏航制动器制动状态。控制偏航制动器动作的电磁阀在失电情况下，高压油液经电磁阀流入偏航制动器从而对风机进行偏航制动。同时为使刹车平稳，刹车进油管路设置节流阀。为使系统压力平稳，电磁阀进油管路上需设置单向阀。

2）偏航制动器释放。控制偏航制动器动作的电磁阀在上电情况下，高压油液经偏航制动器、电磁阀流回液压油箱，偏航制动器释放。为使偏航制动器继续保持2.4MPa的工作压力，在回油路上串接一压力可调的背压阀。控制偏航制动的电磁阀要求设置手动装置，以便于维护时卸除偏航制动器压力。

3）解缆。当风机累计偏航、电缆扭转到一定程度时需要进行解缆，解缆控制阀上电使偏航制动器中的油液经过滤器和解缆控制阀流回油箱。解缆过程中偏航制动器压力应被完全释放。

4）为维护时完全卸除偏航回路中的压力，需在偏航回路中设置一手阀实现这样的功能。

（2）转子的制动和释放。

1）转子制动器制动状态。控制发电机转子制动器动作的电磁阀在上电情况下，高压油液经电磁阀流入制动器，对转子制动。同时为使刹车平稳，刹车进油管路设置节流阀。为使系统压力平稳，电磁阀进油管路上需设置单向阀。

2）转子制动器松闸释放状态。控制转子制动器动作的电磁阀在失电的情况下，高压油液经制动器、电磁阀流回液压油箱，制动器释放。控制转子制动的电磁阀要求设置手动装置，以能够实现手动操作转子制动器的制动和释放，实现手动制动后不需要继续操作电磁阀的手动装置，手动装置应有自定位功能。手动装置还需设置防止误操作的限位装置。转子制动器仅限于在机组顺桨时对发电机转子的制动。

2.清洁度

（1）液压元件清洁度指标应符合JB/T 7858—2006标准的规定。

（2）清除油路块、接头、金属管端口、油路块内部孔道等部位的金属毛刺。

（3）系统在装配前，油路块、接头、管路、通道及油箱等应按有关工艺规范进行清洗，清洗后不应有目视可见的污染（如铁屑、纤维状杂质、焊渣等）。系统装配后应进行整体冲洗，系统的循环冲洗应采用高于系统设计精度的滤油器。冲洗时间不小于20min，冲洗后更换过滤器。

3.系统噪声

系统设计时，要考虑采取降低噪声的措施，系统工作噪声应不超过55dB。采用普通声级计在泵四面距离1m处测量噪声值。

4.渗漏

（1）外渗漏：液压系统在规定的使用压力下，工作油温为40℃运行时，全部管路、元件、可拆结合面、活动连接的密封处应密封良好，不得有油液的渗漏现象。

（2）内泄漏：液压系统各部分回路建压后，24h后系统压力降低值应小于0.3MPa。

5.安全要求

（1）系统的设计应考虑各种可能发生的事故。系统的功能设置、元件的选择、应用、配置和调节等，应首先考虑人员的安全和事故发生时设备损坏最小。

（2）系统应设计有过压保护装置。

（3）系统设计应符合有关GB 5083—1999安全、卫生的规定。

6.维护基本要求

（1）元件的安装位置应能安全方便地进行操作和调整。元件同时应位于方便维护之处，有足够的空间保证维护方便。

（2）当系统中的元件拆卸时不得使工作油液流失，尽量减少拆卸邻近元件、部件且不允许油箱排油。

（3）系统中设计必要的压力测量点（系统压力与偏航压力）、排气点、工作油样采集点、加油口、排油口。

（4）液压系统的所有元件应在系统上标注与原理图上一致的编号，便于维护。

7.其他要求

（1）为使控制系统采集液压系统工作压力信号，需在系统回路中设置提供开关信号的压力继电器。

（2）为方便对偏航阀组及整个系统进行检修，分别在偏航进油管路及系统回路上各串接一手阀。

（3）为了消除液压油中的有害杂质，系统进油路及解缆回路中应设置过滤器。

（4）在过滤器处需设置一旁通阀和污染发讯器，当系统回路污染指数超标，过滤器滤芯进、出油口的压力差值增大至发讯器调定值时，发讯器自动发出信号，指示系统操作人员应清洗滤芯，确保系统安全运行。旁通阀的开启压力值应高于发讯器要求的压力值。

（5）为防止长时间停电及维护的需要，液压系统中需设置手动泵并串接一单向阀向系统提供所需压力。

（6）为直观显示系统压力值，液压系统应设置系统压力表，量程为0~25MPa。在系统管路与压力表之间设置一手阀以方便维护压力表。

四、主要部件要求

风机液压系统主要元器件要求如下。

1. 油泵要求

（1）工作流量：1.1 L/ min。

（2）工作压力：大于25MPa。

（3）油泵进油管前端需设置网式过滤器，同时泵的进油管应短而直，避免拐弯增多，端面突变。在规定的油液黏度范围内，应使泵的进油压力和其他条件符合泵制造厂的规定。泵吸油管路密封应可靠，不得吸入空气。

2. 电机要求

（1）功率：大于或等于0.25 kW。

（2）电压、频率：400V/AC 50Hz/60Hz。

（3）绝缘等级：F。

（4）电机功率、转速应符合系统整体功能要求。

3. 蓄能器

（1）蓄能器要求充装氮气，严禁使用其他气体。充氮压力应与系统工作压力协调，建议预充压力为12.5MPa。

（2）蓄能器的回路中应设置释放及切断蓄能器的液体元件，供充气、检修或长时间停机使用。蓄能器与液压泵之间应装设单向阀，以防止泵停止工作时，蓄能器中压力油倒流使泵产生反向运转。

（3）蓄能器的安装位置应远离热源，蓄能器上应标注充气压力值。

4. 过滤器要求

（1）系统主过滤器和偏航阀组过滤器要求均为高压（大于或等于20MPa）过滤器，滤芯过滤精度要求不低于10μm。

（2）在过滤器需要更换滤芯时，系统应有明确指示，并且更换方便。

（3）过滤器额定流量不得小于实际的过滤油液的流量，并且压力损失要小。

（4）所配滤芯过滤比$\beta \geq 200$，并有足够的强度。

5. 电磁阀、溢流阀要求

（1）电磁换向阀、溢流阀动作需反应灵敏、灵活、响应快，在规定的使用压力下，工作油温40℃运行时，可拆结合面、活动连接处应密封良好，不得有油液渗漏现象。

（2）电磁阀工作电压：24V DC。

（3）最大工作压力：大于或等于25MPa。

（4）最大流量：满足系统各部分设计要求，要求无泄漏。

（5）系统安全溢流阀设定压力：20MPa（不可调）；偏航溢流阀设定压力：2.4MPa（可调）。压力控制元件应在系统上标识压力调定值。

（6）系统安全溢流阀的动作需灵敏、响应快、无卡滞现象，能够在设定溢流压力下可靠工作。系统安全溢流阀需得到安全认证，整定好压力值后需铅封不允许调定。

（7）对于非螺纹式插装阀，在安装上需考虑正确的定向措施。

6.压力继电器

（1）要求在压力范围内能够正常发讯，正确反映压力值。压力发讯范围为10~25MPa。

（2）压力继电器提供开关信号。低于设定压力时开关导通，高于设定压力时开关断开。

7.密封件

（1）在工作压力、工作温度范围内应具有良好的密封性能。

（2）密封件应与它相接触的液压油、邻近的材料及其在工作条件和环境条件下相容。

（3）耐磨性好、不易老化、工作寿命长、耐低温。

8.油箱

（1）系统油箱容量须大于8L。

（2）油箱内表面的防腐处理需注意应该与所使用的液压油相容。

（3）油箱顶部应设置空气滤清器，油箱底部最低处设置放油口并带接油盘。

（4）油箱应设置带油位开关的液位计，用以显示液面位置及对油箱油液高低限位的监视与报警；要求油位处于底限时油位开关提供断开信号，油位正常时油位开关导通。

9.油路块

（1）油路块的材料应满足系统压力要求，同时符合维护拆卸要求。

（2）油路块上安装元件的螺孔之间尺寸应能保证阀的互换。油路块上安装螺纹插装阀以及螺纹连接式过滤器的螺纹、通孔要求两者之间的同轴度满足阀自身的安装要求。

（3）油路块上的通道应在整个工作温度和系统通流能力范围内，使流体流进通道产生的压降不会对系统产生影响。

10.管路附件及接口

（1）管线、接头等连接件要满足系统压力的要求。在工作压力范围内，系统管线各部分和结合部位不得有渗漏、泄漏或其他失效异常现象。

（2）系统的硬管应采用无缝钢管，并符合GB/T 8162—2018的要求。软管应采用有高压软管，最低工作压力不低于18MPa，爆破压力不小于72MPa，使用寿命要求5年以上。

（3）所有管路能够在–30~50℃范围内正常工作，能够在–40~60℃环境条件下生存。软管–40℃在最小弯曲半径下弯曲时不得有表面的龟裂或渗漏现象。

（4）管路产品出厂前必须进行清洁，清洁符合要求后将管路两端头封堵避免运输污染。管路产品其内部清洁度指标应符合JB/T 7858—2006标准所规定软管总成的清洁度要求。

（5）液压系统与外围管路的接口统一采用G3/8″内螺纹接口，接口的排布空间考虑到安装、维护便利，同时应与使用方确定分布方向，便于后续外围管路铺设。

11.紧固件

液压系统使用的紧固件均要求采用不锈钢材料或表面达克罗处理，以增强防腐效果。性能等级需满足系统设计要求。紧固件的拧紧力矩值应符合设计规定，同时将拧紧力矩值标注在产品外形图上。

12.电气配线液压装置

电气配线液压装置应设置电器接线盒，电气配线应符合下列要求：

（1）接线盒符合IP54保护等级。

（2）内部接线应整齐、牢固，线芯不允许出现裸露。

（3）接线盒接线应标示线号，且应标识正确、清晰，内附电气接线图。

（4）阀的电气连接采用可拆卸的，不漏油的插入式接头。

（5）为实现电磁阀线圈在断电时完全释放内部的电动势，需在电磁阀线圈两端并联续流二极管。注意二极管的导通方向。

五、防腐

（1）防腐寿命不低于15年，20年内腐蚀深度不超过0.5mm。

（2）防腐表面应具备防盐蚀能力，能够在沿海一带盐雾和湿热等环境条件下长期运转。

（3）承造方必须满足条件中所列全部要求，承造方应出具设备及资质证明，材料合格证等。

（4）阀块以及油箱外观要求为黑色。

（5）接油盘表面采用喷漆或镀锌处理，喷漆颜色：RAL9016（白色），镀锌要求采用热镀锌锌层厚度不小于50μm。要求所有表面处理颜色一致、平整光亮，不允许有明显的镀层缺陷，如起泡、孔隙、粗糙、裂纹或局部无镀层。

（6）如液压站整体采用喷漆防腐，喷涂工艺必须符合涂料说明书。防腐过程中，机加工表面和螺纹涂可清洗的防锈油并采取措施进行可靠防护以防止油漆和其他污染物玷污，每一层漆膜厚度都必须进行检验并形成记录。

六、风力发电机组液压系统液压站部件介绍

图3-17~图3-21为液压站本体各个阀体示意图，介绍了各个元器件样式及在液压系统中所处在的位置。表3-10为液压站各器件名称及功能。

表3-10　　　　　　　　　　液压站各器件名称及功能

序号	代码	名称及功能	序号	代码	名称
1	5	安全阀，设定值200bar	6	12.1	两位两通电磁阀，常闭
2	6.1	截止阀，压力表开关	7	3	高压滤器
3	7.1	截止阀，系统泄压	8	3.1	压差发信器
4	9.1	两位三通阀，主轴刹车用	9	3.2	旁通单向阀
5	11.2	截止阀	10	6	压力表，显示系统压力，在原理图 M1 位置

续表

序号	代码	名称及功能	序号	代码	名称
11	10	压力继电器，调定 160bar 左右	19	1.5	空气滤清器，另作加油口
12	A1	油口，去主轴	20	4	单向阀，G1/4 堵头下
13	A3	油口，去偏航	21	7	蓄能器，容积 2.8L，充气压 125bar 左右
14	B	油口，偏航泄压	22	9	主轴模块，主体就是阀 9.1
15	M2	油口，G1/4 堵头，可接压力表	23	12	偏航模块，主要包括阀 12.1，12.2，12.4
16	12.2	两位三通阀，控制偏航	24	M2	油口，G1/4 堵头，可接压力表
17	12.4	溢流阀，调定 24bar 左右	25	12.6	截止阀，偏航泄压
18	B	油口，偏航泄压			

图 3-17　液压站本体各个阀体示意图

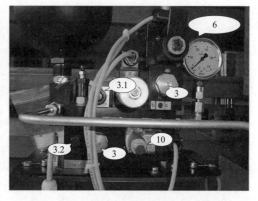

图 3-18　液压站本体各个阀体示意图

图 3-19　液压站本体各个阀体示意图

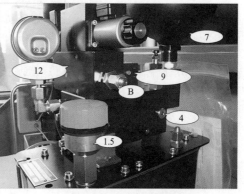

图 3-20　液压站本体各个阀体示意图

图 3-21　液压站本体各个阀体示意图

七、液压站主要零部件参数要求

液压站主要零部件参数要求表如表 3-11 所示。

表 3-11　　　　　　　　　　　　参数要求表

序号	名称	参数要求
1	油箱	1）容量：约 8L。 2）材料：钢。 3）油位计：显示油位。 4）油位传感器：低油位发信开关 1 个，开关触点形式为常闭。 5）特殊要求：包括一个高效的空气滤清器以防止灰尘等进入油箱
2	油泵	1）类型：径向柱塞泵。 2）工作流量：1.1L/min。 3）最大工作压力：55MPa。
3	偏航控制阀组	1）类型：NBMDS 16-Y/B0.9R/EM21V/15-GM24 板式阀组。 2）电磁铁电压形式：直流。 3）电磁铁的额定电压：24V DC。 4）偏航阀额定电流：1A。 5）解缆阀额定电流：0.63A。 6）最大工作压力：25MPa。 7）最大流量：20L/min。 8）偏航背压：2.4MPa。 9）偏航过滤精度：10μm（高压过滤）。 10）滤芯型号：40523。 11）带单向阀和节流阀。 12）带两个手动截止阀。 13）带测压接口

序号	名称	参数要求
4	转子控制阀组	1）类型：NBVP16 Z/B1.0R/2–GM24 板式阀组。 2）电磁铁电压形式：直流。 3）电磁铁的额定电压：24V DC。 4）额定电流：1A。 5）最大工作压力：40MPa。 6）最大流量：20L/min（要求无泄漏）。 7）带单向阀和节流阀
5	主溢流阀（安全阀）	1）类型：CMVX2C–200 经 TüV 认证的溢流阀。 2）设定压力：20MPa。 3）调节形式：铅封不可调
6	压力继电器	1）类型：DG35–Y1。 2）发信压力：0~25MPa
7	蓄能器	1）类型：SBO210–2.8E1/663U 210MM125 隔膜式。 2）有效容积：2.8L。 3）预充压力：12.5MPa
8	系统过滤器	1）类型：高压过滤器。 2）过滤精度：10μm。 3）滤芯型号：40523。 4）带污染指示。 5）带单向阀
9	手动泵	1）类型：手动。 2）排量：6cm³ 行程

第四章　常见故障解析

通过本章知识内容学习，能够对风力发电机组的主控系统常见故障、变流系统常见故障有更深的掌握，方便以后故障处理。

第一节　主控系统类故障

通过本节知识内容学习，能够掌握机舱加速度超限故障、机舱加速度偏移故障、液压站建压超时故障、液压泵反馈故障、偏航位置故障、偏航速度故障、偏航右反馈丢失、偏航左反馈丢失、20号子站总线故障、8号子站总线故障、发电机转速比较故障、发电机临界转速故障、变桨安全链故障、变桨外部安全链故障、叶轮锁定故障这些故障原因及检查步骤。

一、机舱加速度超限故障

1.可能原因

（1）机组相应参数设置不合理。

（2）传感器信号受干扰造成。

（3）恶劣风况造成。

（4）线路虚接造成。

（5）加速度模块或者测量模块KL3404损坏。

2.检查步骤

（1）步骤一：检查线路，看是否有线路虚接问题。

（2）步骤二：校对X、Y方向加速度信号。

（3）步骤三：拆开传感器的盒子，检查线路板是否有明显损毁，若有则进行更换。

（4）步骤四：若以上几步检查，均无问题，可检查PLC相应的输入模块KL3404。

此故障大部分与控制策略有关，主要是参数配置不合理造成。

二、机舱加速度偏移故障

1.可能原因

（1）传感器内部部件损坏。

（2）24V直流电源失电。

（3）信号线虚接。

（4）大部件损坏，例如：叶片断裂、发电机损坏、机组倒塌等极端情况的出现。

2.检查步骤

（1）步骤一：检查线路，查看是否有线路虚接问题。

（2）步骤二：校对 X、Y 方向加速度信号。

（3）步骤三：拆开传感器的盒子，检查线路板是否有明显损毁，若有则进行更换。

（4）步骤四：若进行上几步检查均无问题，可检查PLC相应的输入模块KL3404。

三、液压站建压超时故障

1.可能原因

（1）液压站电磁阀损坏。

（2）压力继电器损坏，或者它的反馈回路出现毛病。

（3）液压站的400V电源丢失，或者液压泵损坏。

2.检查步骤

（1）第一步：检查液压站，确认电源是否送到液压站上，还有液压站能否动作。

（2）第二步：检查三个电磁阀，看有没有卡死的情况。在很多情况下，偏航电磁阀损坏时，容易报这个故障。

（3）第三步：对照图纸检查液压站上的各个手阀的设置是否正确。

（4）第四步：检查压力继电器回路，查看反馈信号是否正常。

四、液压泵反馈故障

1.可能原因

（1）液压泵的控制回路接线错误。

（2）液压泵的反馈回路存在虚接。

（3）测量模块KL1104损坏。

2.检查步骤

（1）第一步：对照图纸检查液压泵的控制回路接线是否正确。

（2）第二步：检查液压泵的反馈回路，特别是106K3的辅助触点查看是否有虚接现象。

（3）第三步：测试KL1104模块，给其24V的输入信号，查看程序上能否准确地收到。

五、偏航位置故障

1.可能原因

（1）偏航位置传感器损坏。

（2）GSpeed模块损坏。

（3）KL3404损坏。

2.检查步骤

（1）第一步：检查 121AI2-KL3404 的 E4 通道，测量 7 号端子电压，如果电压正常，但 PLC 所读出的位置大于 920°，须更换该模块。

（2）第二步：如果电压不正常，请检测 Gspeed 模块和偏航位置传感器的电阻，如果偏航位置传感器的电阻正常，但 Gspeed 模块的电压不正常，须更换 Gspeed 模块。

（3）第三步：如果偏航位置传感器的电阻不正常，须更换偏航位置传感器。

六、偏航速度故障

1.可能原因

（1）偏航电机的电源相序错误，或者缺相。

（2）偏航位置传感器损坏，或者接线错误。

（3）偏航位置的测量回路有毛病。

2.检查步骤

（1）第一步：查看 f 文件，f 文件可以反映出机组偏航的方向和偏航速度。左偏航，偏航速度为正；右偏航，偏航速度为负。查看偏航速度与偏航方向是否相反，若相反须检查偏航相序。如果是调试时报此故障，须检查维护手动偏航时，偏航方向是否相反，若相反须调相序。

（2）第二步：如果偏航方向正确，仍报此故障请检查偏航位置检测回路。测量偏航位置传感器电阻是否正常；手动偏航时，向左偏机舱位置增大，向右偏机舱位置减小。

（3）第三步：上述检查均正常，须检查 Gspeed 和 121AI2-KL3404 模块。

七、偏航右反馈丢失

1.可能原因

（1）偏航电源开关跳闸。

（2）偏航接触器的触点损坏。

2.检查步骤

（1）第一步：上机舱检查，看 102Q2 有没有跳闸，103K2 是否吸合。

（2）第二步：如果 102Q2 跳闸，检查 102Q2 的整定值是否正确。手动偏航，观察偏航电机的电磁刹车有没有动作；如果不动作，就是电磁刹车回路有问题；如果手动偏航时，偏航电机的电磁刹车都动作，这时要检查液压回路，查看是否能正常泄压。

（3）第三步：如果 102Q2 跳闸没有跳闸，可能是 103K5 的辅助触点问题，须检查触点。

（4）第四步：可能存在过载回路问题，要仔细检查过载回路（103K2 所在回路）。

八、偏航左反馈丢失

1.可能原因

（1）偏航电源开关跳闸。

（2）偏航接触器的触点损坏。

2.检查步骤

（1）第一步：上机舱检查，查看102Q2是否跳闸、103K2是否吸合。

（2）第二步：如果102Q2跳闸，检查102Q2的整定值是否正确；手动偏航，观察偏航电机的电磁刹车有没有动作；如果不动作，就是电磁刹车回路有问题；如果手动偏航时，偏航电机的电磁刹车都动作，这时要检查液压回路，查看是否能正常泄压。

（3）第三步：如果102Q2跳闸没有跳闸，可能是103K6的辅助触点有毛病，检查触点。

（4）第四步：可能存在过载回路问题，要仔细检查过载回路（103K2所在回路）。

九、20号子站总线故障

1.可能原因

（1）DP回路接线错误。

（2）子站物理地址错误。

（3）主控程序组态配置或下载存在问题。

（4）子站模块损坏。

（5）DP头损坏。

（6）DP线的整体屏蔽未接好，干扰造成。

2.处理方法

（1）第一步：如果风机在停机状态下，还有此故障，检查接线及相应的子站，还有主控的组态配置；如果是在运行的过程中报此故障，就应该是线路有虚接，子站出问题或者是屏蔽层没有接好。

（2）第二步：检查子站之间的DP线，确认线缆没有损坏，且子站之间的DP线连接正确，不存在虚接、错接。保证DP线的屏蔽层接地良好。

（3）第三步：检查子站的物理地址是否正确，如与实际配置不符，应立即调整。

（4）第四步：检查程序的组态配置是否存在问题。

（5）第五步：待以上检查完成确认不存在问题后，可能是子站模块存在问题，须更换子站模块。

十、8号子站总线故障

1.可能原因

（1）DP回路接线错误。

（2）子站物理地址错误。

（3）主控程序组态配置或下载存在问题。

（4）子站模块损坏。

（5）DP头损坏。

（6）DP线的整体屏蔽未接好，干扰造成。

2.处理方法

（1）第一步：如果风机在停机状态下，还有此故障，检查接线及相应的子站，还有主控的组态配置；如果是在运行的过程中报此故障，就应该是线路有虚接、子站出问题，或者是屏蔽层没有接好。

（2）第二步：检查子站之间的DP线，确认线缆没有损坏，且子站之间的DP线连接正确，不存在虚接、错接。保证DP线的屏蔽层接地良好。

（3）第三步：检查子站的物理地址是否正确，如与实际配置不符，应立即调整。

（4）第四步：检查程序的组态配置是否存在问题。

（5）第五步：待以上检查完成确认不存在问题后，可能是子站模块存在问题，更换子站模块。

十一、发电机转速比较故障

1.可能原因

（1）转速测量回路的接线松动。

（2）叶轮转速接近开关损坏，接近开关与码盘的距离不合适。

（3）Overspeed、Gspeed，以及Gpulse模块接线松动，或者模块本身损坏。

（4）测量转速信号的倍福模块存在问题。

2.检查步骤

（1）第一步：首先检查转速接近开关和码盘的距离是否合适，检查接近开关屏蔽层接地是否有问题。用金属物挡在接近开关顶部，观察其是否能正常工作。

（2）第二步：在叶轮自由旋转时，观察Overspeed模块上的pulse_sensor_1和pulse_sensor_2是否以相同的频率闪烁；或者连上主控程序，检测转速信号的3个变量，观察检测的信号。做完以上检查后，判断接近开关是否存在问题，如有问题则进行处理和更换。

（3）第三步：检查Overspeed、Gspeed，以及Gpulse模块接线是否松动或存在接线错误，如有问题则调整或者紧固接线。

十二、发电机临界转速故障

1.可能原因

（1）OVerspeed模块配置跳线连接存在问题或者接线松动。

（2）Gpulse或者Gspeed模块损坏。

（3）初始化文件的给定值过小，或者面板给定数值过小。

（4）风速瞬间变化幅度大引起的真实过速。

2.检查步骤

（1）第一步：检查参数设置，包括初始化文件和面板给定数值的设置，确保参数配置正确。

（2）第二步：检查OVerspeed的跳线配置正确，接线无松动，根据现有图纸及软件配置，应短接OVerspeed模块的5、6、9端子。

（3）第三步：检查GpuLse或者Gspeed是否有损坏。

（4）第四步：检查是否存在机组真实过速，要仔细检查程序的配置是否正确。

十三、变桨安全链故障

1.可能原因

（1）接线以及滑环哈丁头有松动。

（2）继电器115K7损坏。

（3）变桨柜内部故障。

（4）3号变桨柜X10a哈丁头内部没有安全链短接线。

2.检查步骤

（1）第一步：检查端子排X115.1、120DI2（KL1104）的5号端子的接线以及滑环哈丁头有没有松动。

（2）第二步：检查继电器115K7指示灯是否发亮，如果亮请检查120DI2（KL1104）的5号端子是否有24V DC电并且对应的指示灯也亮。如果120DI2（KL1104）的5号端子没有24V DC电，说明继电器115K7损坏。

（3）第三步：继电器115K7指示灯不发亮，并且120DI2（KL1104）的5号端子是否有24V DC，请测量端子排X115.1端子3和4的电压，如果两个端子上都是0V DC，说明继电器115K7损坏；如果3号端子有24V DC电压，则说明变桨柜内部K4继电器断开或者滑环线路断开。

十四、变桨外部安全链故障

1.可能原因

（1）安全链回路接线松动或者错误。

（2）安全继电器损坏。

（3）滑环损坏。

2.检查步骤

（1）第一步：须确认安全继电器122K4的电源指示灯正常，如果安全继电器电源指示灯不亮，而端子A1和A2有24V DC电压，则须更换安全继电器；

（2）第二步：检查安全链回路的接线，对照图纸，依次检查安全链回路的各个触点是否闭合，包括：PLC急停、扭缆开关、过速1、过速2、急停按钮、振动开关和来自变桨的安全链。

（3）第三步：如果以上检查都正常，但是在运行的时候还是报这个故障，就需要更换滑环。

十五、叶轮锁定故障

1.可能原因

（1）叶轮锁定接近开关的距离太远。

（2）接近开关的线路松动。

（3）接近开关损坏。

（4）KL1104模块损坏。

2.检查步骤

（1）第一步：检查叶轮锁定的接近开关的指示灯是否发亮，如果不发亮须用金属物体接触接近开关的头部，这时如果接近开关指示灯发亮，则需要重新调整接近开关与销杆的距离。

（2）第二步：如果接近开关指示灯不发亮，须检查接近开关的线路，如果线路上没有松动或断开，则需要更换接近开关。

（3）第三步：如果接近开关指示灯发亮，模块119DI10（KL1104）的端子1或5的指示灯不亮，经检查119DI10（KL1104）的端子1或5上有24V DC输入，请更换KL1104模块。

第二节　变流系统类故障

通过本节知识内容学习，能够掌握变流系统中的发电机断路器故障、直流电压低、塔底风扇运行故障、主断路器故障、网侧三相电流不平衡等故障原因及检查步骤。

一、发电机断路器故障

1.可能原因

（1）霍尔传感器接线松动。

（2）Gencurrent moudle 模块损坏。

（3）机舱柜到断路器接线松动。

（4）断路器本身接线松动或者线圈损坏。

（5）断路器机械故障。

2.检查步骤

（1）第一步：检查霍尔传感器是否松动或者脱落，霍尔传感器本身的接头是否存在虚接现象，每个霍尔传感器都插拔一次或者轻轻拨动，这个过程中会伴随有过流模块内继电器的吸合与释放，可以听到声音。如果轻轻地拨动会有吸合和断开声音，说明霍尔传感器与插针之间有虚接，将其固定住。如果没有问题，排查下一个故障点。

（2）第二步：检查机舱到断路器的接线有无松动，断路器本身的吸合信号线和反馈线路都没有虚接，一般机组在运行一段时间后，出现最多的断路器不吸合都是线路虚接，所以重点先查线。如果没有问题排查下一个故障点。

（3）第三步：检查过流模块内部是否有线虚接，继电器是否能够吸合，测量其24V电是否正常，如果存在问题，更换过流检查模块，有可能模块本身存在问题，过流模块检测一般两相电流差值大于100A就会跳断路器。如果没有问题排查下一个故障点。

（4）第四步：检查断路器吸合继电器和线圈，其供电是否正常，是否继电器或线圈损坏，如果都正常判断是否为机械故障。

二、直流电压低

1.可能原因

（1）变流板计算误差。

（2）变流板故障。

（3）检测回路高压I/O板问题。

（4）检查回路内连接线路干扰、接地是否良好。

（5）变流板24V供电电源信号干扰。

（6）主回路问题，存在直流母线间及母线对地短路、IGBT损坏或其母线支撑电容损坏。

（7）变流子站模块问题。

2.检查步骤

（1）第一步：检查变流板上U dc min指示灯是否亮红灯，如果没有亮灯，肯定是信号干扰误报，检查接地是否良好，变流板到模块接线是否有虚接。

（2）第二步：如果指示灯亮了，首先检查逆变单元及斩波升压单元IGBT是否有损坏，母排间或者对地是否有放电现象。如果没有问题，进入下一步排查。

（3）第三步：变流板内部计算误差，将变流板断电5min，重新上电启动机组，如果还报故障，更换变流板；变流板如果没有问题，进入下一步排查。

（4）第四步：检查高压I/O板与变流板25针连接线是否有虚接、干扰、更换线，将连接头紧固牢固。如果没有问题，进入下一步排查。

（5）第五步：高压I/O板检测回路是否有线虚接，如果没有更换高压I/O板。如果没有问题，进入下一步排查。

（6）第六步：更换主控24V UPS电源，如果UPS电源输出电压对变流板有干扰，会经常报这个故障。如果没有问题，进入下一步排查。

（7）第七步：检查变流板后面板与变流子站连接的37针模拟信号线，及其连接的模块是否有问题。

（8）第八步：在故障文件上面看是否发电机断路器跳闸在报母线电压低故障前面，有可能发电机断路器跳导致母线电压低。

三、塔底风扇运行故障

1.可能原因

（1）14K9继电器的21、24控制线圈没有吸合。

（2）变频器13A7的22、24控制继电器没有吸合。

（3）运行反馈回路内接线虚接。

（4）主控内模块损坏。

2.检查步骤

（1）第一步：将变频器调到本地控制状态，启动风机，查看主控上对应模块是否有反馈，如果有反馈，并且风扇正常运行，说明变频器回路内部继电器和接线、模块都没有问题，则进入下一步排查。

（2）第二步：用万用表测量14K9的21端子是否有24V，如果有在程序上给风扇一个启动信号。用万用表测量24端子是否有24V，一般情况下，由于继电器内部本身的缺陷，很容易端子内部虚接，或者继电器与变频器连接的线有虚接，这是关键排查点。如果有问题更换14K9继电器，端子与继电器接线的时候，注意不要用力往里紧固，容易伤到继电器内部线圈。如果没有问题，进入下一步排查。

（3）第三步：如果没有反馈，14K9问题全部排除后，在程序里面远程控制给出启动信号，运行反馈信号还没亮，检查变频器内部22、24控制的线圈是否能够正常吸合；检查其24V供电电源，或者强制给22端子24V输电，如果能够正常吸合并且将24V送到模块，如果继电器有问题，则更换变频器；如果没有问题确定24V送到模块，剩下就应该是模块本身问题。

四、主断路器故障

1.可能原因

（1）变流板－高压I/O板－断路器控制信号回路及反馈信号回路存在问题。

（2）断路器本身控制信号回路存在问题。

（3）断路器230V供电是否有虚接。

（4）主空气开关机械问题，脱口线圈动作不到位。

2.检查步骤

（1）第一步：检查变流板前面板预充电继电器吸合反馈FBmain灯是否亮，高压I/O板上是否送出了主空开吸合信号（D9灯是否亮），如果灯没亮，看预充电接触器吸合控制信号和反馈信号的灯是否亮；如果这两个灯都没亮，先查预充电回路的问题。确定预充电没有问题后，检查高压I/O板D9灯是否有问题，或者高压I/O是否有问题，检查信号控制回路内接线。如果D9灯亮，而反馈回路接线没有问题，进入下一步排查。

（2）第二步：直流母线电压达到±420V后，D9灯亮说明吸合信号已经送出，检查4K6是否有问题；如果24V已经送到断路器，断路器没有吸合，重点检查W4.1和W4.2这两根线，均为现场接线，一是主空开储能电机所用230V电，二是远程控制电缆。如果没有线路没有虚接，进入下一步排查。

（3）第三步：检查延时继电器11K3是否有问题，如果继电器没有问题，将延时继电器的延长时间增长些，出厂设定为1s，作用就是使得在欠压脱口线圈吸合1s以后，合闸线圈再吸合，合闸线圈吸合以后才会有反馈信号。在冬季调试或者较寒冷的地区、风沙大的地区，断路器的反应本身就会有延时，在1s内可能欠压脱口线圈还没能吸合，所以导致合闸线圈也不能吸合，处理方法是将延时继电器的延时调节旋钮调大些，比如时间延长至3s，再进行吸合试验，如果吸合后将延时时间调回原来值。如果这些都没有问题，进入下一步检查。

（4）第四步：检查欠压脱口线圈是否有问题，是否存在润滑脂卡的现象，如果没有问题，箱式变压器断电，手动储能、释放，查看是否手动能够吸合并且不脱扣，查看机械结构卡的是否到位；如果不到位可以适当调节脱口线圈底部的螺栓，或者手动按压脱口线圈，使其润滑均匀，或者联系厂家更换脱口线圈。如果还有问题，就可能机械机构的问题。

五、网侧三相电流不平衡

1.可能原因

（1）变流板计算误差。

（2）电流互感器本身问题。

（3）高压I/O板问题或电流互感器与高压I/O接线问题。

（4）25针变流板连接线问题。

（5）变流板问题或检测模块问题。

（6）网侧滤波电容问题。

（7）网侧逆变IGBT问题。

2.检查步骤

（1）第一步：首先用万用表检查网侧IGBT有没有问题，如果网侧有IGBT损坏、IGBT驱动线缆有问题、变流板信号有问题，会导致三相电流不平衡。如果没有问题，进入下一步排查。

（2）第二步：检查高压I/O板上电流互感器接线是否有问题，接反或者虚接。检查高压I/O板是否有问题，25针连接线是否有虚接。如果没有问题，进入下一步排查。

（3）第三步：变流板计算误差，将变流板断电5min，再启动机组，如果远程可以限功率运行几个小时，等误差调节平衡后再放开功率。如果没有解决，进入下一步排查。

（4）第四步：维护状态下检查网侧滤波电容投切是否正常，网侧滤波电容控制回路是否有线虚接。如果没有问题，进入下一步排查。

（5）第五步：低温或者随着机组运行时间增长，电流互感器可能有问题，更换电流互感器；同时，也可能主控内模块存在问题。